_____ 님

자신을 사랑하고, 아이를 믿어주세요.
함께 성장하는 오늘이 되기를 바랍니다.

_____

부모되는
철학시리즈
21

함께 나누는 행복 이야기

부모가 된다는 것은 지구상에서 가장 힘들고 어렵다. 동시에 가장 중요한 일이기도 하다.
'부모되는 철학 시리즈'는 아이의 올바른 성장을 돕는 교육 가치관을 정립하고 행복한 가정을 만들어
가는 데 긍정적인 역할을 할 것이다. 부모가 행복해야 아이들도 행복하다. 행복한 아이와 행복한 부모,
나아가 행복한 가정 속에 미래를 꿈꾸며 성장시키는 것이 부모되는 철학의 힘이다.

부모살롱

부모가 1% 변하면 아이는 100% 달라진다

초판 1쇄 발행 2023년 6월 30일

지은이. 임현정, 김홍임, 서동범, 고민서, 이승현,
　　　　홍재기, 김미란
펴낸이. 김태영

씽크스마트 책 짓는 집
경기도 고양시 덕양구 청초로66
덕은리버워크 지식산업센터 B-1403호
전화. 02-323-5609

홈페이지. www.tsbook.co.kr
블로그. blog.naver.com/ts0651
페이스북. @official.thinksmart
인스타그램. @thinksmart.official
이메일. thinksmart@kakao.com

ISBN ISBN 978-89-6529-367-5 (03590)
© 2023 임현정, 김홍임, 서동범, 고민서, 이승현, 홍재기, 김미란

•씽크스마트 - 더 큰 생각으로 통하는 길
'더 큰 생각으로 통하는 길' 위에서 삶의 지혜를 모아 '인문교양, 자기계발, 자녀교
육, 어린이 교양·학습, 정치사회, 취미생활' 등 다양한 분야의 도서를 출간합니다.
바람직한 교육관을 세우고 나다움의 힘을 기르며, 세상에서 소외된 부분을 바라봅
니다. 첫 원고부터 책의 완성까지 늘 시대를 읽는 기획으로 책을 만들어, 넓고 깊
은 생각으로 세상을 살아갈 수 있는 힘을 드리고자 합니다.

•도서출판 사이다 - 사람과 사람을 이어주는 다리
사이다는 '사람과 사람을 이어주는 다리'의 줄임말로, 서로가 서로의 삶을 채워주고,
세워주는 세상을 만드는 데 기여하고자 하는 씽크스마트의 임프린트입니다.

•천개의마을학교 - 대안적 삶과 교육을 지향하는 마을학교
당신은 지금 무엇을 배우고 싶나요? 살면서 나누고 배우고 익히는 취향과 경험을 팝
니다. 〈천개의마을학교〉에서는 누구에게나 학습과 출판의 기회가 있습니다. 배운
것을 나누며 만들어진 결과물을 책으로 엮어 세상에 내놓습니다.

자신만의 생각이나 이야기를 펼치고 싶은 당신.
책으로 사람들에게 전하고 싶은 아이디어나 원고를 메일(thinksmart@kakao.com)로 보내주세요.
씽크스마트는 당신의 소중한 원고를 기다리고 있습니다.

부모살롱

부모가 1% 변하면 아이는 100% 달라진다

임현정, 김홍임, 서동범, 고민서, 이승현, 홍재기, 김미라 지음

괜찮아요!
잘하고 있습니다!

아이가 성장함에 따라 모든 부모들은 '어떻게 하면 잘 키울 수 있을까?'라는 고민을 합니다. 자녀 교육에 대해 관심을 갖고, 도움이 될 만한 것이라면 많은 시간을 할애하시죠. 온통 아이에게 초점이 집중되어 있습니다. 그런데 먼저 부모가 자신을 바라봐야 한다는 것을 알고 계시나요? 부모 이전에 '나'라는 존재가 어떠한 사람인지 마주볼 수 있어야 한다는 것이죠.

부모가 행복하지 않은데, 아이가 행복할 수 있을까요?

우리 모두의 첫 번째 선생님은 부모입니다. 아이들은 집에서 보고 들은 모든 것들을 배울 것이며, 이는 삶의 중심이 되는 가치관으로 형성될 겁니다. '대물림'이라는 이름으로 부모의 행동을 그대로 따라 한다는 것이죠. 이처럼 부모의 행동과 감정은 자녀에게 직접적으로 영향을 주고 있음을 잘 알고 계실 겁니다. 그래서 '좋은 부모가 되는 길은 멀고도 험난하다'라는 말이 있는 것 같습니다.

하지만 괜찮습니다. 이번 생에 부모가 처음이잖아요.

생전 처음 감당하기 어려운 상황과 질문들을 직면하게 되는데, 실수하지 않을 부모는 없습니다. 완벽한 부모는 없기 때문이죠. 다만 실수가 반복되지 않도록 노력하는 자세가 필요합니다. 또한 자신의 삶을 주도적으로 살아가는 어른으로서의 모습을 자녀에게 보여줘야 합니다.

"난 내가 좋아.", 자신을 사랑하는 모습,
"오늘도 감사합니다.", 매 순간 감사하며 세상을 긍정의 눈으로 바라보는 모습,
"오늘도 성장하고 있습니다.", 주어진 삶에 최선을 다하고 성장하기 위해 노력하는 모습

자신을 사랑하고 감사할 줄 알며 성장하고자 노력하는 부모의 모습은 우리 아이들에게 행복한 삶을 사는데 긍정적인 영향을 줄 것입니다.

어떤 부모가 되기를 원하시나요?

부모가 되는 것은 누구에게나 어려운 도전입니다. 처음 아

이를 맞이할 때의 두려움, 책임감 그리고 기쁨은 아무런 준비가 되어있지 않은 상황에서 대처하기 어려운 일이죠. 부모가 되는 것은 삶의 큰 변화 중 하나이기 때문일 겁니다. 그래서 초행길을 걸어가는 당신을 위해 7명의 교육 전문가가 모여 가이드북과 같은 책을 출간하게 되었습니다.

교육전문가 7인이 전하는 부모를 위한 '힐링 에세이'

낯선 길을 걸어가는 부모의 마음을 공감하며, 자녀 교육에 도움이 되는 글을 담았습니다. 오랜 시간 현장에서 학부모와 학생을 만나며, 함께 웃고 울면서 깨달은 지식과 지혜를 솔직하고 담담하게 전달하고자 하였습니다. 총 5개 파트로 아래와 같은 내용으로 구성되어 있습니다.

파트1에서는 부모가 먼저 자신을 돌아보는 것의 중요성을 강조하였습니다. 자신의 가치관과 양육 스타일을 이해하고 부모의 행동이 자녀에게 가장 큰 영향을 준다는 것에 대한 내용입니다. 자녀를 가르치기 전에 부모 스스로가 올바른 생각과 태도를 가진 사람이 되어야 합니다. 이를 통해 자녀에게 좋은 본보기가 될 수 있을 겁니다.

파트2에서는 부모와 자식 간의 적절한 거리에 대해 이야기하였습니다. 아이와의 관계에서 너무 가까워지거나 멀어지지 않는 것이 중요하며, 이를 통해 아이는 독립적인 사고와 자립심을 길러나갈 수 있을 겁니다.

파트3에서는 아이의 자존감을 높이기 위한 소통 방법을 제시하였습니다. 존중과 이해를 바탕으로 한 소통은 아이가 자신감을 키우고, 건강한 정신과 정서적 발달을 이루도록 도와줍니다. 자녀에게 끊임없이 격려와 지지를 보여주는 것이 중요하며, 이를 통해 자녀가 자신의 가치와 능력을 인식하게 될 겁니다.

파트4에서는 입시를 잘 준비하기 위해 부모가 알아야 할 것들을 다루었습니다. 입시는 아이들의 미래를 결정짓는 중요한 과정이므로, 부모는 이 과정에서 적절한 지원과 도움을 제공해야 합니다. 2025교육개정과정, 고교학점제 등 학부모께서 꼭 알아야 할 사항에 대해 이해하기 쉽게 설명하였습니다.

파트5에서는 4차 산업혁명 시대에 필요한 핵심 역량에 대해 제시하였습니다. 인공지능과 함께 살아가고 경쟁해야 하는 우리 아이들에게 필요한 역량과 개발 방법에 대해 설명하였습니다.

7가지의 다른 색들이 모여 하나의 조화를 이루다.
책을 읽다보면 7명의 작가 별로 글의 소재와 스타일이 조금 다르다는 것을 느낄 수 있을 겁니다. 아무리 비슷한 교육관을 가지고 있다 해도 서로 다른 환경에서 생활하였기에 경험과 생각은 다를 수밖에 없는 것이죠. 이 책은 다양한 색깔이 모여 있어, 독자에 따라 공감하는 글이 다를 수 있을 겁니다. 이 또한 흥미를 가져다 줄 것이며, 이 책이 가진 매력이지 않을까란 생각을 해봅니다. 또한 어떤 부분에서는 서로 다른 견해를 가진 내용도 있습니다. 예를 들면 체벌에 대한 내용입니다. 체벌은 어떠한 경우에도 용납이 안 된다는 의견과 특정 상황에서는 적절한 조치를 통한 절제된 체벌은 필요하다는 의견으로 나눠집니다. 여러분들의 생각은 어떤가요? 굉장히 민감한 주제입니다. 그렇기 때문에 생각이 틀린 것이 아닌 다를 수 있는 겁니다. 서로 다름을 인정하고 책 속 문장과 동행하시기를 바랍니다.

자녀 교육에 정답이 있을까요?

작가와 대화하듯 책을 읽으세요. 어떤 글에서는 "아, 맞아! 나도 이렇게 생각했는데."와 같이 맞장구 쳐주기도 하고, 또 다른 글에서는 "이게 무슨 말이야. 나는 이렇게 생각 안하는데!"와 같이 반론을 제시해주는 것도 좋습니다. 진리는 처해 있는 상황에 따라 달라질 수 있습니다. 즉 자녀 교육 또한 어떤 획일화된 정답이 있는 것은 아닐 겁니다. 다만, 7명의 교육 전문가가 오랜 시간 자신의 서재에 차곡차곡 쌓아 두었던 지혜의 문장을 전해드리오니, 열린 생각으로 받아주셨으면 좋겠습니다.

당신은 이미 좋은 부모입니다.

자신을 사랑하세요.

학생, 학부모와의 희로애락(喜怒哀樂)을 녹여낸 교육 전문가들의 '힐링 에세이'

세상에 태어난 내 아이를 맨 처음 만났던 순간을 기억합니다. 꼬물꼬물 그 귀한 생명에 경탄했습니다. 누워만 있던 아이가 처음으로 뒤집기를 하였을 때 손뼉 치며 좋아했습니다. 기어가던 아이가 걸을 때면 신통방통해 하며 기뻐했고요. 그때는 오직 내 아이만 보았습니다. 우리 모두 그렇지 않았나요? 내 아이만 보았고 감탄했고 행복했죠.

그런데 우리는 차츰 내 아이의 존재 자체를 인정하던 마음을 슬며시 놓아 버립니다. 다른 아이가 보이기 시작하고, 비교하게 되며, 나아가 분노까지 합니다. 다 잘되라고 하는 이야기인데 말을 듣지 않는다며 욱하기도 합니다. 그런데요, 그게 우리 부모 문제일 수도 있습니다. 그 원인이 어쩌면 나의 부족함 탓일 수도 있거든요. 그래서 부모도 '마음공부'가 필요합니다.

마음잡기 힘들던 사춘기 시절, 저는 한문 선생님 댁에 놀러 간 추억을 잊을 수가 없습니다. 방문을 열자 헌책 냄새가 가득한 선생님 방에는 라면상자로 만든 책꽂이가 한쪽 벽면을 채우고 있었습니다. 그 안에서 선생님은 제게 '꼬마 니꼴라'와 '나의 라임 오렌지 나무'를 꺼내 주셨습니다. 그날 선생님으로부터 받은 두 권의 책은 저를 '문학소녀'로 성장하게 해주었습니다. 그렇게 성장한 나는 스물다섯 살 무렵 조병화의 시 '해마다 봄이 되면'으로 첫 학원 강의를 시작했습니다.

> 해마다 봄이 되면
> 어린 시절 그분의 말씀
> 항상 봄처럼 새로워라.

저는 해마다 새로운 학생들을 만났고 20여년이 지난 지금도 강의하고 있습니다. 저를 향해 반짝이는 아이들의 눈동자는 여전히 가슴 벅차게 황홀합니다. 아이들을 가르치며 그들의 삶을 보았고 아이들이 변화하고 성장하는 과정을 함께 해 왔습니다. 강의가 무르익는 동안 수많은 아이의 성장과 부딪히며 저 또한 성장했습니다. 아마 이 책을 쓴 공동 저자 선생님들도 그러하리라 생각합니다. 가르치고 배우는 과정에서 스승과 제자가 함께 성장한다는 의미의 교학상장(教學相長)은

제가 학생들을 가르치면서 늘 떠올리던 단어입니다. 저는 가르쳤지만, 그보다 더 많은 것을 배웠습니다.

그래서 이 책을 썼습니다. 우리 아이들이 더 올곧고 행복한 아이로 성장하길 바라는 마음에서 시작했습니다. 이 책의 저자들은 모두 교육계에 종사하는 전문가입니다. 아이들과 밀착해 생활하고 다양한 학부모의 목소리를 직접 들으며 교육 현장에서 뛰어다니는 사람들입니다. 내 아이를 제대로 잘 키우고 싶은 부모의 마음을 누구보다 잘 알기에 이 책이 그런 우리 부모들에게 조금이나마 위안이 되고 햇살이 되기를 바랍니다.

꽃피다 국어원장 고민서

목차

부모 자신을
먼저 들여다보기

아이를 바라보기 전에
자신을 먼저 볼 수 있어야 합니다.

"나는 어떠한 생각으로 아이를 바라볼까?"
"내 마음 속에 부정적인 패턴은 없는가?"
"나의 성격에 대해 나 자신은 어떻게 생각하고 있나?"

당신
행복한가요?

모든 부모는 자녀의 행복을 위해 끊임없이 노력합니다. 특히 아이 교육에 대해서는 매우 민감하며, 늘 노심초사(勞心焦思)하며 지냅니다. 그런데 한 가지 묻고 싶은 것이 있습니다.

"어머님, 아버님은 행복하신가요?"

부모 교육 강연 때 자주하는 질문입니다. 부모가 불행한데, 아이가 행복할까요? 그렇지 않다는 것이죠. 늘 짜증난 얼굴을 보여주면서 아이한테 웃으라고 하는 것과 같습니다. "엄마가 누구 때문에 고생하는데, 다 너를 위해 그러는 거잖아!"라는 말을 듣고 자란 아이의 마음은 어떨까요? 설령 원하는 대학에 입학하여 모두에게 부러움을 받는 다해도, 마음 한 구석에는 왠지 모를 미안함과 원망이 존재하고 있을 지도 모릅니다. 그래서 부모는 자신의 삶에 만족해하고 행복한 모습을 자녀에게 보여주는 것이 좋습니다. 또한 부모가 자신의 삶을 존중하고, 온전한 나를 사랑할 수 있어야 합니다. 그러면 아이들은 부모의 모습을 보며, 행복감을 느낄 수 있으니까요.

부모의 행동이 아이에게 미치는 영향에 대한 사례 하나를 설명해보겠습니다. 평소 아이에게 지속적으로 무시하고 비난하는 어머니가 있습니다. 아이의 말에 공감해주지 않고 짜증과 화를 내는 경우가 많습니다. 매일매일 어머니로부터 사랑받지 못하고 구박만 받는 이 아이는 어떤 감정을 갖고 있을까요? 자신을 외면하는 부모의 의해 불안감을 느끼고, 자신의 존재 가치에 대해 매우 낮게 생각합니다. 이러한 감정은 공부에도 악영향을 끼치고 기대 이하의 성적을 받게 되죠. 뭘 해도 잘 안 되는, 형편없는 학생이라고 생각합니다. 그리고 문제가 발생하면, 정면으로 마주하고 해결하기보다 피하고 숨으려고 합니다. 자신도 모르게 부정적인 방어기제를 가지게 된 겁니다. 우리 아이가 옳지 않은 방식의 대인관계와 문제해결방식을 갖기 원하나요? 아무생각 없이 내 뱉는 부모의 말들로 인해 자녀는 불안감과 낮은 자존감을 갖게 된다는 것이죠. 그렇다면, 이 어머니는 왜 아이의 말에 공감해주지 않고, 비판과 무시하는 모습을 보였을까요? 그건 자신이 그렇게 자랐기 때문입니다. 어릴 적 부모의 행동을 따라하고 있는 것이죠. 그리고 이 잘못된 양육방식은 그대로 자신의 아이에게 대물림되어, 그 아이가 부모가 되었을 때 똑같이 행동할 가능성이 높다는 것입니다. '아이는 부모의 거울'이란 말이 있습니다. 아이가 하는 행동은 부모의 모습을 보고 그대로 따라 한다는 것을 잊지 마셔야 합니다.

"아버지는 왜 당당하십니까?" 드라마 〈소년심판〉에서 판사 역할을 맡은 배우 김혜수 씨의 대사입니다. 응급실에 실려 갈 정도로 아이에게 가혹행위를 하고도 너무나도 뻔뻔하게 얘기하는 아버지에게 하는 말입니다. 지금도 훈육이라 하며, 가정폭력을 당당하게 하는 사람들이 있습니다. 왜 그렇게도 당당할까요? 그 이유는 자신도 그렇게 맞으면서 자라왔기 때문입니다. 아버지의 가정폭력 그리고 그것을 받아들이고 사는 어머니의 모습, 어느 누구도 잘 못 되었다고 얘기해주는 사람이 없습니다. 그런 환경을 경험했다고 해서 이 아버지가 용서받을 수 있는 것은 아닙니다. 이미 성인이고 한 아이의 아버지라면 무엇이 옳고 잘못된 것인지 판단할 수 있어야합니다. 자신에게 결핍이 있다면 그것을 인정하고 고쳐나가려고 노력해야 하는 것입니다. 그렇지 않다면, 가정폭력은 대물림될 수밖에 없습니다. "애들이 커서 성인이 되면 이해해줄수 있을 거야."라고 말하지 마세요. 이해는 할 수 있더라도 그상처는 남아 있으니까요.

어릴 적 기억을 더듬어 살펴보면, 즐거웠던 추억도 있지만 아버지의 술주정을 빼놓을 수가 없습니다. 지금은 아버지의 그럴 수밖에 없었던 상황을 이해할 수 있어 이렇게 글을 통해 표현할 수 있지만 과거에는 정말 들어내기 싫은 기억이었습니다. 그 기억들을 하나하나 생각하다보면 결국 어머니의 희생이 떠오르게 됩니다. 더 생각하기 싫은 장면이죠. 어려운 환경 속에서도 자식들을 잘 키우기 위해 자신의 삶은 포기한 채 오직 아이들을 위해서만 살아온 분입니다. 어머니 삶 속에서 온전한 자신의 이야기는 거의 없습니다. 불행 중 다행이라고 해야 할까요, 어쩌면 그런 어머니의 따뜻함이 없었다면 저 또한 아버지와 같은 모습을 답습하고 있을지도 모를 것 같네요. "아버지처럼 살지 않을 거야.", "절대 술, 담배는 하지 않아야지." 등의 맹세를 하며, 아버지를 증오하기도 했었습니다. 그렇게 그토록 미워했던 아버지였지만 돌아가시고 나니, 과거가 후회스럽기만 했습니다. 오랜 시간동안 원망과 죄책감을 마음 깊은 곳에 담아둔 채 살아왔고, 어느덧 중년이 지나서야 부모의 상황을 조금씩 이해할 수 있었습니다. 아버지와 어머니의 인생을 자세히 들여다보기 시작했고, 부모의 부모는 어떤 분인지도 생각해봤습니다. 그리고 내 안에 있는 가없은 내면아이를 제대로 바라보기 시작했습니다. 심연 속 불안정한 자아를 가진 어린 나의 모습과 정면으로 마주하고 안아주는 것은 정말 어려운 일이었습니다. 불행했던 기억을 살펴보고, 과거의 부모가 나에게 어떤 영향을 주었는지 그리고 부정적인 영향이 있다면 고치기 위해 어떻게 행동해야 하는지에 대해 살펴볼 수 있었던 것 같습니다. 물론 어릴 적에 생긴 불안정한 기억과 감정을 한 번에 치유하기는 어렵습니다. 그럼에도 과거를 받아들이고 잘 살아가기 위해 노력한다면 매일매일 성장하는 모습을 볼 수 있을 겁니다. 그러니 꺼내 보기 싫은 부모와의 어릴 적 기억이 있다면, 정면으로 받아들이고 천천히 그리고 자세히 살펴보세요. 그래야 자녀에게 전해지지 않으니까요.

> "사랑한단 말도, 미안하단 말도 없이 내 어머니 강옥동씨가 내가 좋아하는 된장찌개를 끓여 놓고 처음 온 그곳으로 떠났다. 죽은 어머니를 안고 울며 난 그제야 알았다. 난 평생 어머니 이 사람을 미워했던 게 아니라 이렇게 안고 화해하고 싶었다는 걸. 난 내 어머니를 이렇게 오래 안고 지금처럼 실컷 울고 싶었다는 걸."
>
> _tvN 드라마 <우리들의 블루스> 중 동석의 대사

부모가 행복해야 아이도 행복할 수 있습니다. 행복이라고 해서 경제적으로 여유 있고 남부럽게 사는 것을 의미하는 것이 아닙니다. 저마다 삶을 살아가는 방식이 다른데, 하나의 기준으로 성공과 행복을 판단할 수 없습니다. 국민 육아 멘토인 오은영 박사는 『오은영의 화해』에서 "가장 좋은 육아는 아이뿐 아니라 부모도 편한 육아"라고 얘기하고 있습니다. '부모도 편한 육아'란 자연스러움을 얘기하는 것이라고 생각합니다. 부모가 자신의 삶을 사랑하고 나답게 매일매일 즐겁게 사는 것이 아닐까요? 아무리 힘든 상황이라도 자신만이 가진

강점이 있다는 것을 잊지 않고, 최선을 다해 살아가는 부모, 바쁜 일상 속에서 아주 짧은 시간이라도 아이들과 즐겁게 보내는 부모의 모습은 충분히 행복한 부모로 기억될 겁니다. 그리고 그런 부모의 모습은 자녀에게 이어져 행복의 대물림이 될 겁니다.

 홍재기 작가의 한 마디

자녀의 첫 번째 선생님은 바로 부모입니다. 부모의 모습을 보며 아이는 자라며, 성인이 되어 부모와 같은 행동을 합니다. 그러니 먼저 자신을 사랑하세요. 그리고 아이들에게 자기 주도적인 삶을 살아가는 모습을 보여주세요.

엄마의 행복?
엄마 스스로가 만들어야 한다.

아이는 유년 시절 부모와의 친밀했던 추억으로 평생 잘 살아갈 힘을 얻을 수 있습니다. 그리고 이 힘은 대대손손 긍정의 에너지로 전해질 겁니다.

저는 첫째 딸이자 첫째 손녀로 태어나 양가 할머니, 할아버지의 사랑을 독차지하며 자랐습니다. 특히 같이 사는 친조부모께서 끔찍하게 절 아끼고 사랑해 주셨습니다. 저희 엄마는 가정주부로서, 시부모님을 모시고 사는 며느리로서, 또 부모로서 해야 할 역할을 굉장히 과할 정도로 잘해 내셨습니다. 또 학교 위원회 일도 도맡아 하시며 학교에 자주 오셨던 엄마를 친구들은 참 많이 부러워했습니다. 하지만 엄마는 늘 우울하고 말수가 적고 어두워 보였습니다. 제 기억 속 엄마는 하교 후 집에 오면 거의 힘없이 누워 계셨고 눈을 감고 있는 엄마에게 학교에서 있었던 일을 혼자 재잘재잘 이야기하곤 했는데, 엄마는 여전히 눈을 감은 채 짧게 "응, 그래."라고만 대답하셨습니다. 저는 그런 엄마가 싫었습니다. 나중에 커서 알게 된 사실은 그렇게 저를 사랑하고 예뻐해 주던 할머니, 할아버지의 모진 시집살이에 엄마는 자살 기도를 할 정도로 많이 힘들어하셔서 우울증이 있었다고 합니다. 남 앞에 나서기 싫어하고 내성적인 엄마는 할머니의 치맛바람으로 등 떠밀려 억지로 학교에 왔던 것이었습니다. 그런 상황에서도 엄마는 내색하지 않으시고 나라에서 주는 효부상까지 받을 정도로 열심히 사셨습니다. 본인의 상황에서 최선을 다해 살아내셨지만 행복하진 않았습니다.

그에 반해 아빠는 늘 활동적이시고 밝고 긍정적인 성격이어서 저는 아빠를 굉장히 따랐습니다. 엄마에게 받지 못하는 관심을 할머니의 열렬한 사랑으로 채워가며 살았고 긍정적이고 활기찬 성격도 아빠와 할머니의 영향을 굉장히 많이 받았습니다. 아빠는 엄마의 힘든 이야기를 밤마다 들어주며 위로해 주셨다고 합니다. 그래서 엄마가 아빠 하나 바라보고 결혼 생활을 버틸 수 있었다고 합니다. 아빠는 주말마다 우울해하는 엄마와 우리 세 자매를 데리고 여행을 많이 다니셨습니다. "못 하는 것이 없어야 한다, 다 할 줄 알면 즐길 수 있는 것이 많다." 하시며 수영, 스키, 등산, 볼링, 당구, 축구, 농구 등 가능하면 많은 것들을 배우게 하셨습니다. 하지만 몸이 허약했던 저는 아빠가 스키를 가르쳐 주실 때는 힘들다고 화장실에 들어가 안 나오고, 험한 산을 올라갈 때는 징징대고 울고불고 했습니다. 중고등학교 시험 기간에도 저녁을 먹고 나면 저를 끌고 볼링장에 가서 자정까지 볼링을 치는 바람에 팔이 아파서 울면서 밤새워 공부하고 시험을 봤던 기억이 납니다. 아빠는 늘 묵묵히 긍정적이고 밝은 모습으로 우리를 대해 주셨습니다. 심지어 사업이 힘들어졌을 때에도 한 번도 힘든 내색을 하신 적이 없었으니까요. 저는 이런 모습을 당연하다 생각했고 특별하다고 생각한 적이 없었습니다.

제가 임신했을 때, 내 아이에게 어떤 부모가 되어줄까 고민했던 시간이 있었습니다. 엄마를 생각했을 때 늘 힘들어 보이고 우울한 엄마가 싫었고 엄마가 웃길 바랐습니다. 그래서 저는 제 아이들에게 행복하고 씩씩한 엄마가 되자고 다짐했습니다. 아이가 태어나니 저의 어릴 적 추억이 하나하나 소중하고 특별하다고 느꼈습니다. 아이가 아장아장 걷기 시작하고 자전거 타는 법을 가르쳐 줄 때, 어릴 적 할아버지께서 제게 자전거를 알려주셨던 기억들이 떠올랐습니다. 목마를 태워 주시고, 함께 여행 갔던 따뜻했던 모습들이 생각났습니다. 그래서 더욱더 제가 받은 모든 사랑을 내 아이들에게 그대로 나눠줘야겠다는 생각이 들었습니다. 남들은 연년생 세 아이를 키우는 것이 정말 힘들 거라 했지만, 육아를 하는 7년간 하루하루가 정말 즐거웠습니다. 물론 힘든 순간도 있었지만, 어린 시절 가족들에게 받은 사랑과 내 마음속 충족감으로 인해 육아지옥이 아닌 육아천국이 될 수 있었습니다. 이렇듯 성장 과정에서 가족에게서 받은 사랑과 친밀한 유대감은 평생 잘살아가게 하는 강한 힘이 되게 해 주었습니다. 이것은 자식들에게도 대물림되어 긍정적인 영향을 끼칠 것이라고 확신합니다.

누구나 부모라면 많은 시간을 아이 곁에서 함께 있어 주어야 한다는 의무감을 가지고 있습니다. 그래서 맞벌이를 하거나 일이 바쁜 부모는 아이와 자주 많은 시간을 보낼 수 없음에 죄책감을 느낍니다. 저도 그러한 경험이 있습니다. 아이들이 조금 커서 일을 시작하고 바쁠 때였습니다. 일에 온전히 신경쓰다보면 아이에게 집중하는 시간이 줄어 미안함의 죄책감을 가졌습니다. 또 아이에게 시간을 쏟고 나면 또 쏟아지는 일에 피로감을 느껴가며 일과 육아 모두 다 잘하고자 종종걸음으로 힘들어하곤 했었습니다. 결혼하고 계속 친정 부모님과 같이 살며 도움을 받았는데, 남편은 회사원이다 보니 사업으로 바쁜 것을 이해하지 못 했습니다. 사업에 더 몰두하기 시작하면서 가족과 함께 하는 시간이 점점 줄어들자 저는 죄책감에 빠지게 되었습니다. 아이들 밥을 챙기지 못하고 살뜰히 배웅이나 마중을 해주지 못했습니다. 아이들과 많은 시간을 보내지 못하는 것에 죄책감이 커지면서 우울함까지 왔습니다. 무기력해지고 엄마로서 자신이 없고 일은 일대로 더디게 성장했습니다.

어느 날 부모님은 저를 앉혀 놓고 이렇게 말씀하셨습니다. "집에서 밥해주는 엄마가 있고, 밖에서 일하는 엄마도 있다. 너는 밖에서 일하는 엄마이니 밥 못 해주고 많은 시간을 함께 하지 못하는 것에 죄책감을 가질 필요가 없어. 꼭 밥해주고 집에서 챙겨줘야 엄마가 아니다. 내가 애들 책임지고 돌봐 줄 테니 너는 너의 일을 하면서 죄책감을 가지지 않았으면 좋겠다." 그 이후로 저는 일에 온전히 매진했습니다. 저 자신을 먼저 돌보고 제 일에 집중하니 보람과 행복이 밀려왔습니다. 죄책감이 사라지니 행복한 마음이 가득해졌고 바쁘지만 아이들과 짧은 순간순간이 더 소중하게 느껴졌습니다. 아이들도 행복감을 느끼는 엄마를 바라보며 자랑스러워하고 응원해 주고 있습니다. 기왕 해야 할 거라면 죄책감은 내려놓고 조금만 이기적으로 자신에게 먼저 집중하고 나부터 행복하면 어떨까요? 그 모습을 지켜보는 아이들이 이해해 주지 못할 것이 없습니다. 분명 우리 아이들은 엄마가 먼저 행복한 것을 바랄 것입니다.

> 자기 자신을 하찮은 사람으로 깎아내리지 마라. 그런 태도는 자신의 행동과 사고를 꽁꽁 옭아매게 한다. 무슨 일을 하더라도 자기 자신을 사랑하는 것으로부터 시작하라. 지금까지 살면서 아직 아무것도 이루지 못 했을지라도 자신을 항상 존귀한 인간으로 대하라.
> _프리드리히 니체, 『이 사람을 보라』

일을 하는 엄마가 가지는 피곤함과 죄책감은 충분히 이해하지만 그 마음 때문에 내 아이와 보낼 수 있는 소중한 시간을 낭비해선 안 됩니다. 짧은 순간이라도 아이에게 온전히 집중해서 보낼 수 있다면 그것이 가족 모두가 행복하게 살아가는 원동력이 되지 않을까요? 부모 또한 그 시간으로부터 충만감과 만족감을 느끼며 죄책감보다 앞으로 나아갈 수 있는 힘을 얻을 수 있을 것입니다.

 임현정 작가의 한 마디

> 엄마 자신이 먼저 행복해야 합니다. 엄마가 행복하면 아이도 행복한 기운을 받아 유년 시절의 엄마를 행복하게 웃는 엄마로 떠올리며 살아가게 될 것입니다. 긍정적인 사고와 여유를 가지고 잘 살아갈 아이로 키우고 싶으시죠? 아이와 긴 시간을 함께 보내주지 못 한다고 미안해하지 마시고 짧은 시간을 보내더라도 밀도 있게 집중해서 보내세요. 그 기억으로 아이는 평생을 살아갑니다.

나와 부모와의 관계
바라보기

　자녀에게 한 없이 잘 해주고 싶어 하는 것이 부모의 마음일 겁니다. 아이가 자라서 자신의 능력을 잘 발휘하고 사랑 받는 사람이 되기를 바랄 것입니다. 그래서 엄마들은 자녀를 위해 치열하게 고민하고 아이와 함께 많은 시간을 보내게 됩니다. 다른 집 엄마보다 조금이라도 못 해주는 것이 있다는 생각이 들면 미안한 마음이 들기도 합니다. 이렇듯 엄마와 아이는 매우 밀접한 정서적 관계를 맺게 되며, 엄마의 감정이 아이에게 고스란히 전달될 수밖에 없습니다. 이때 엄마의 무의식 속에 부정적인 요소가 있다면, 자신도 모르게 아이에게 좋지 않은 마음을 전할 수 있습니다. 본인은 진정한 사랑이라고 생각하지만 아이에게는 독이 될 수 있는 것입니다. 그렇기 때문에 엄마로서 가지는 미안한 마음은 자녀에게 '죄인'이라는 의식을 심어줄 수 있습니다. 그래서 아이를 바라보기 전에 자신을 먼저 볼 수 있어야 합니다.

"나는 어떠한 생각으로 아이를 바라볼까?"
"내 마음 속에 부정적인 패턴은 없는가?"
"나의 성격에 대해 나 자신은 어떻게 생각하고 있나?"

위와 같은 질문들을 통해 스스로 자신을 살펴볼 수 있어야 하는 것이지요.

얼마 전 부모교육 강연이 있었습니다. 강연을 끝나고 한 어머니께서 심각한 표정으로 제게 이런 질문을 하셨습니다. "우리 아이가 친구들하고 잘 어울리지 못하는 것 같고, 말 수도 적습니다. 저와 얘기도 잘하지 않으려고 해요. 왠지 피하려는 것 같고요. 문제가 있지요? 나중에 성인되어 사회생활 잘 할 수 있을지 걱정이 됩니다." 어머니의 말 속에는 아이에 대한 걱정과 불안 그리고 부정적인 인식까지 담겨 있었습니다. 몇 가지 질문을 통해 아이의 성향을 파악하기는 했지만, 정확한 정보를 위해 정식검사와 해석 상담을 진행하였습니다. 그 결과, 어머니와 아이 모두 신중하고 조용한 내향형 성격이었습니다. 내향형은 상대적으로 말 수가 적고 혼자 있는 것을 선호합니다. 불특정 다수인이 있는 공간에 가는 것이 어려울 수 있으며, 소수의 친한 친구들과 어울리는 편입니다. 그렇다고 해서 사회생활을 못할까요? 그렇지 않습니다. 내향적인 아이는 자신만의 강점을 가지고 있습니다. 신중하고 집중력이 좋아 자신이 좋아하는 분야에서 전문적인 지식을 가질 수 있습니다. 그냥 아이를 믿고 지켜보면 잘 자랄 수 있는데, 이 어머니는 그렇지 못합니다. 지나칠 정도로 많은 걱정을 하십니다. 왜 그렇게도 심각하게 걱정을 하는 것일까요?

그 이유는 어머니의 가정사에 있었습니다. 어렸을 때, 소심한 성격으로 꾸지람을 많이 듣고 자랐다고 합니다. 적극적이지 못해 부모로부터 사랑 받지 못했고 그래서 자신의 성격에 대해 부정적으로 생각하고 있습니다. 이런 경험을 가지고 있어, 자신의 아이가 정말 답답해 보이는 것이겠죠. 아이를 보면서 자신을 보고 있는 겁니다. 자녀가 아닌 어릴 적 자신에게 질문을 하는 겁니다. "나중에 커서 사람들하고 잘 어울릴 수 있겠어?" 아이에 대해 부정적인 생각을 하게 되고, 자신도 모르게 본인의 어머니가 그러했던 것처럼 아이에게 지속적인 비난을 하게 되는 것이죠. 어떻게 해야 할까요?

"비슷한 감정 반응이 자주 일어난다면, 그때까지 맺어온 중요한 사람들과의 관계를 반추하면서 비슷한 감정 경험을 한 적이 없는지 생각해 보세요. 특히 부모님과의 관계를 회상해 본다면 해결되지 않은 정서적 문제들이 여러분을 힘들게 하고 있다는 사실을 알게 될 것입니다. 그 문제는 여러분이 스스로 숙고하고 그에 대한 감정을 다스려야 해결할 수 있습니다. 여러분이 풀어야 할 과제로 남아 있는 정서적 문제에 대한 책임을 아이에게 전가하지 마세요. 자신의 문제와 아이의 문제를 혼동하지 않아야 아이를 건강하게 키울 수 있습니다."

_노경선, 『아이를 잘 키운다는 것』

영화 〈굿 윌 헌팅〉의 주인공 '윌'은 보면 뛰어난 재능을 가지고 있지만, 어릴 적 양부(養父)로부터 받은 가정폭력으로 인해 마음의 문을 닫고 반항아로 살아갑니다. 상처 받지 않기 위해 마음을 굳게 닫고 표현 하지 않습니다. 이런 주인공 '윌'에게 심리학 교수인 '숀'은 '윌'의 상처를 조금씩 치유해주는데요. 이 때 '숀' 교수는 '윌'에게 이렇게 얘기합니다.

"네 잘못이 아니야.", "네 잘못이 아니야.", "네 잘못이 아니야."

어릴 적 부모로부터 받은 상처가 있어, 그 아픔으로 인해 모든 게 내 잘못이고 부족한 자신이 문제라고 생각할 수 있습니다. 그렇지 않다는 것을 인지하고 있어도 좀처럼 잘 고쳐지지 않습니다. 왜냐하면 그 원인을 제대로 바라보지 않기 때문입니다. 무엇 때문에 그러했는지 올바르게 봐야 합니다. 그래야 부모와 같은 실수를 하지 않습니다. 그러니 자책하거나 도망치려고 하지 마세요. 그 상처는 당신의 잘못이 아니니까요. 먼저 상처받은 자신을 들여다볼 수 있어야 합니다. 그리고 그와 같은 행동을 아이에게 하지 않으려고 노력해야 합니다. 그것만으로도 많은 변화를 줄 수 있습니다. 책 『처음처럼(신영복)』에 보면, "과거를 파헤치지 않고 어찌 그 완고한 정지(停

ﷺ)를 일으켜 세울 수 있으며, 과거로부터 자유롭지 않고 어찌 새로운 것으로 나아갈 수 있으랴 싶습니다."라는 글이 있습니다. 과거에 받은 상처로부터 자유로워지기 위해서는 상처를 바로 보고 안을 수 있어야 합니다. 아이를 위해 자신을 먼저 들여다 볼 수 있는 부모가 되어야 합니다.

　엄마가 자기 자신을 사랑하고 괜찮은 엄마라고 생각해야 아이도 괜찮은 엄마라고 느끼며, 긍정의 감정을 가질 수 있습니다. 반대로 부족한 엄마여서 미안한 마음을 갖고 있으면, 아이는 자신도 모르게 죄송한 마음을 갖게 되는 것입니다. 이처럼 엄마가 가지고 있는 무의식은 아이에게 매우 큰 영향을 줍니다. 그러니 자신을 괜찮은 엄마라고 생각하세요. 어릴 적 부모에게 받은 상처가 있다면, 회피하지 마시고 들여다보세요. 부모와의 잘못된 관계가 내 아이에게 이어지면 안 되니까요. 그러니 자신과 부모와의 있었던 기억에 대해 차분히 살펴보려고 하는 노력이 필요합니다. 어린 시절 부모와의 좋지 않은 사건이 있었는지? 그리고 부모는 왜 그렇게 행동했는지? 등에 대해 살펴보시는 것도 도움 되실 겁니다. 이번 생의 부모는 처음이니 누구나 실수할 수 있습니다. 다만 그 실수가 반복되어서는 안 되겠죠. 그러니 나와 부모와의 관계에 대해 탐색해보고 잘못된 부분이 있으면 바로 잡으려고 노력하면 됩니다. 그거면 충분합니다.

홍재기 작가의 한 마디

아래 제시하는 질문을 통해 나와 부모와의 관계에 대해 살펴보는 시간을 가져보세요. ① 아버지와 어머니 중 어느 분과 가까웠는지? ② 그 이유는 무엇인지? ③ 아버지와 어머니를 떠올렸을 때 생각나는 단어 5개와 그 이유를 작성해보세요. 그리고 질문을 통해 알게 된 안 좋은 기억이 있다면, 그 기억이 현재 나의 자녀에게 이어지고 있는 것은 아닌지 파악하는 것이 중요합니다. 만약 부정적 행동이 반복되고 있다면, 문제를 인지하고 멈출 수 있도록 노력하면 됩니다.

모든 선택과 결정은
나로부터

프랑스의 작가이자 사상가 장 폴 사르트르는 "인생은 B(Birth)와 D(Death)사이의 C(Choice)다"라는 말을 남겼다고 합니다. 우리는 살면서 정말 많은 선택을 합니다. "짜장면을 먹을까?", "짬뽕을 먹을까?" 등의 작은 선택부터 직업이나 결혼 등과 같은 중대한 선택과 늘 함께 하죠. 표준국어대사전에 의하면 '선택'은 "여럿 가운데서 필요한 것을 골라 뽑는다."라는 의미이고 '결정'은 "행동이나 태도를 분명하게 정한다."라고 되어있습니다. 이 둘은 하나의 과정에서 동시에 일어나는 그래서 떼려야 뗄 수 없는 관계라 할 수 있답니다.

누구나 선택과 결정 앞에서는 고민이 많아지리라 생각됩니다. 저 또한 선택에 앞서 종종 망설이곤 했습니다. 간혹 "망설이는 것이 아니라 신중한 것이다"라고 위안을 삼으며 선택을 미루는 적도 많았고요. 아마도 그런 과정에서 놓쳤던 좋은 기회들도 있었을 겁니다. 우리가 선택을 함에 있어 망설이는 것은 아마도 그 선택이 잘 못될까 혹은 더 나은 선택을 하지 못할까 하는 두려움 때문이겠죠? 그리고 간혹 그 선택의 결과가 좋지 못할 경우 그 선택에 대한 책임과 후회를 짊어져야하는 부담감도 있을 테고요.

만약 선택을 함에 있어서 늘 망설인다면, 평소에 나 자신을 잘 들여다보는 연습을 하는 것이 필요합니다. 왜냐하면 선택과 결정에는 무엇보다 자기 자신이 우선이 되어야 하기 때문입니다. '내가 좋아하는 것이 무엇인지?', '내가 원하는 것이 무엇인지?'를 잘 알고 있어야 선택의 순간에 망설이지 않고 나 자신이 원하는 선택을 할 수 있습니다.

하지만 많은 사람들이 오롯이 자신이 원하는 것을 선택하기보다 다른 사람의 시선과 통념의 잣대로 선택의 기준을 삼기도 합니다. 혹은 나 자신보다 내 아이와 가족을 위한 선택을 하기도 하지요. 저 또한 결혼을 하고 아이를 낳아 키우면서부터 사소한 선택에 있어 아이가 우선이 되는 경우가 많았습니다. 내가 좋아하는 음식, 내가 좋아하는 장소보다 아이들이 좋아하는 것, 남편이 좋아하는 것에 더 맞추며 살아 왔습니다. 어느 날 아이들과 과일 이야기를 하는데 딸아이가 "엄마는 과일 안 좋아하잖아요!"라는 말에 놀라지 않을 수 없었습니다. 과일을 누구보다 좋아하는 저이지만 과일을 준비해도 아이들 먹이느라 바빴던 겁니다. 마음 편히 과일을 먹기보다 아이들 챙기느라 분주했던 그 모습이 아이들 눈에는 과일을 좋아하지 않는 엄마로 보였던 모양입니다. 이렇게 점점 나를 잊고 살아가고 그것이 습관처럼 자리 잡게 되면 '무엇을 좋아하는지', '무엇을 원하는지' 잘 모른 채 살게 되는 것 같습니다. 비단 가족들에 맞춰 선택하는 것뿐만 아니라 주변사람들의 이목을 생각하느라 정작 내가 원하는 선택을 못하는 것도 조심해야 할 것입니다.

> 결정을 두려워하는 사람으로 살지 않기 위해서 나에게 가장 필요한 것은 무엇일까? 바로 내 삶의 주체가 '남'이 아니 '나'라는 주체성을 가지는 것이다. 내가 주체가 된다는 것의 핵심은 나를 아는 것이다. 내가 무엇을 좋아하고 싫어하는지, 내가 어떤 것을 꺼리는지, 또 어떤 것을 기꺼이 수용하는지. 내가 하고 싶은 것과 하기 싫은 것이 무엇인지 등을 정확하게 알아야 한다. 내 안에 있는 나와 직면하는 과정이 반드시 필요하다.
>
> _최훈, 『선택과 결정은 타이밍이다』

자신을 잘 들여다보고 선택했다면, 그 다음에 일어날 일을 두려워하지 말아야 합니다. 하지만 신중한 선택을 했다 하더라도 그 선택이 늘 옳다고 할 수는 없겠지요. 아니 선택에는 옳고 그름이 없으니 후회라고 하는 편이 좋을 것 같습니다. 후회가 오는 순간이 올 때, "완벽한 선택이란 없다"는 것을 잊지 말아야 합니다. 후회를 하다보면 그 어떤 선택이든 후회는 남게 마련이거든요. 중요한 것은 이미 선택한 후에는 자신을 믿어야 합니다. '내 선택은 잘 한 거야' 라는 자기 확신을 가지고 최선을 다해보는 거지요. 불필요한 잡념과 부정의 생각들을 잘라 버리고 결정한 사항에 대해 최선을 다해보는 겁니다. 설령 원하지 않은 결과가 나오더라도 분명 그 선택으로 인해 얻어내고 배운 것이 있다는 것 또한 잊지 말아야합니다.

우리가 후회를 하는 것은 어쩌면 더 완벽해 지기 위해 생기는 마음일 때가 많습니다. 완벽주의가 되지 않으면 후회하는 일도 줄어 들 것입니다. 사실 저 또한 어떠한 일을 할 때 완벽하게 하고픈 마음에 후회와 자책을 한 적이 많았습니다. 하지만 돌이켜 생각해보면 너무 많은 생각으로 선택과 결정을 미루고, 또 결정 사항에 대해 '정말 잘 선택한 걸까?', '잘못된 결정인 것 같은데?'와 같이 자꾸 후회하기보다 '일단 결정했으면 후회 없이 최선을 다 하자'와 같이 생각하고 행동했을 때 더 좋은 결과가 있었던 것 같습니다.

십 수 년 전 아파트 공부방에서 아기자기하면서도 복작복작 수업하던 저는 급하게 학원으로 이전해야 하는 상황이 생겼답니다. 가까이에 적당한 상가가 없어서 난감해했습니다. 그러던 중 차로 10분 넘는 거리에 간신히 학원 허가가 나올 만한 작은 상가를 발견했습니다. 가까운 거리에 있고 좀 더 큰 평수를 얻고 싶었지만 저에게는 선택의 여지가 없었습니다. 여러 가지 선택지가 있었다면 결코 얻지 않았을 상가였지만 공부방으로 사용했던 아파트를 비워야 했기에 어쩔 수 없었습니다. 그리고는 그 선택이 옳고 그름을 따질 겨를도 없이 그저 거기에 안정적으로 학원이 운영되도록 최선을 다하는 수밖에 없었습니다.

 학원 허가를 받으려면 일정 규모 이상의 강의실이 있어야 했는데 강의실 평수를 맞추느라 상담실도 없이 학원을 시작해야 했습니다. 큰 돈 들여 인테리어도 하고 월세도 내야하는 상황이었지만 신입생을 받을 생각보다 기존 원생을 잘 이끌어 가고 싶은 마음뿐이었답니다. 차량 없이는 기존 원생들 등원이 어려워 학원차량운행도 시작했지요. 그 때 지인들은 저에게 그 힘든 차량운행을 왜 하냐고 조언했습니다. 학원 바로 옆에 아파트 단지가 많았기에 그 아파트 단지 아이들을 새로 모으고 차량 운행은 하지 말라고 했습니다. 그런데 저는 오직 한 가지 생각밖에 없었습니다. '만족', '나의 현재 학부모와 학생들에게 만족을 주자!'라는 생각이요. 그 한가지의 신념으로 선택의 기준을 잡았던 것 같습니다.

 어쩌면 더 좋은 선택이 있었을지도 모릅니다. 실제로 학원 이전하고 초창기에는 힘든 일들도 많았답니다. 하지만 나의 선택에 최선을 다했고 그러한 경험들이 쌓여 학원을 운영함에 있어 나름 선택의 기준들이 더 확실히 생기게 되었답니다. 그리고 학원도 점점 성장을 해서 몇 번의 확장을 하게 되었습니다. 내가 잘 할 수 있는 것을 들여다보고 원하는 것을 생각할 수 있었기에 몇 번의 확장을 하면서 두려움보다는 용기와 희망을 가질 수 있었습니다. 어떤 선택이든 나 자신을 믿고 앞으로 나아갈 수 있게 되었습니다.

 김홍임 작가의 한 마디

선택과 결정에 있어 가장 중요한 것은 나를 아는 것입니다.
그러니 나와 직면하는 연습을 하세요.
그리고 결정 후에 일어날 일을 두려워하지 말고 자신을 믿고 정진하세요.

'틀림'이 아니라
'다름'이에요.

"내 아이니까, 저와 비슷할 거예요."
"제가 낳은 자식인데 비슷한 성격일겁니다."

위와 같이 말씀하시는 부모들이 많습니다. 과연 그럴까요?
MBTI 전문가로서 수많은 부모-자녀의 성격유형 검사 결과를
바탕으로 말씀드리면, 아이의 성향은 부모와 비슷할 수도 있
고 다를 수도 있습니다. 당연한 얘기일 겁니다. 그런데 여기서
중요한 것은 아이의 성향보다 부모 자신의 성향을 알고 있는
지가 중요하다는 겁니다. 다른 사람을 올바르게 보기 위해서
는 먼저 자기 자신을 객관적으로 바라볼 수 있어야 하기 때문
인데요. 그렇지 못할 경우, 서로 '다름'을 '틀림'으로 이해하게
됩니다. 특히 부모-자녀와의 관계에서 '다름'을 '틀림'으로 보

게 될 경우, 많은 문제가 발생 될 수 있습니다. 자녀가 나와 다른 것뿐인데, 부모는 자기 기준이 옳다고 생각하고 아이에게 잘못된 행동이라고 얘기합니다. "그렇게 하는 것은 잘 못된 거야, 그러니 앞으로 엄마가 말하는 대로 해."라고 한다는 것이죠. 아이는 매우 억울하지만, 부모의 말을 따를 수밖에 없습니다. 실제 자주 발생하는 상담 사례를 살펴보겠습니다.

에너지 방향이 외부로 향해 있을 경우, 외향형(E)이라고 합니다. 불특정 다수인이 있는 공간에 가는 것이 어렵지 않고 에너지가 외부로 향해 있기 때문에 적극적으로 행동하는 편입니다. 외향적인 성격을 가진 어머니가 있습니다. 이 어머니는 가능한 많이 아이와 함께 외부 활동을 하려고 합니다. "어릴 적에는 다양한 활동을 하는 것이 중요하다고 생각해요. 저 어릴 적에 이곳저곳 많이 다녔었는데요. 나중에 사회 생활할 때, 도움 많이 되더라고요. 그래서 우리 아이도 시간 나는 대로 밖에 데리고 나가려고 합니다." 어머니의 말씀처럼 다양한 경험 그리고 부모와의 소중한 추억을 갖는 것은 큰 도움이 될 겁니다. 하지만, 아이가 힘들어할 수도 있다는 점을 알고 계셔야 합니다. 이 어머니의 초등 3학년 자녀는 이렇게 얘기합니다. "선생님, 저는 엄마와 함께 여기저기 다니는 게 좋긴 한데요. 그런데 조금 힘들어요. 휴일에는 집에서 쉬었으면 좋겠어요." 어머니 입장에서는 분명 아이에게 좋은 경험을 만들어 주고자 노력한 것인데, 오히려 아이에게는 스트레스가 될 수 있다는 것입니다. 왜냐하면 아이는 에너지 방향이 내부로 향해 있는 내향형(I)이기 때문입니다. 외향형과 반대로 불특정 다수인이 있는 공간에 가는 것이 어려운 편이죠. 그리고 에너지가 내부로 향해 있게 때문에 행동함에 있어 신중한 편입니다. 이럴 경우, 외향형 어머니께서는 자신의 성향을 먼저 이해하고 아이는 자신과 반대 성향이니 다를 수 있다는 점을 인지하고 계셔야 합니다. 그렇다고 내향형은 무조건 외부 활동을 싫어하는 것은 아닙니다. 소수의 친한 사람들과는 충분히 잘 어울릴 수 있기 때문에 가족과 함께 하는 여행은 즐거울 겁니다. 다만, 모르는 사람들이 많이 모여 있는 공간이나 처음 가는 낯선 곳은 힘들어 할 수 있다는 것입니다.

그리고 이 학생은 엄마와의 관계에서 힘든 부분이 또 있었는데요. "학교 갔다 오면, 늘 엄마가 이것저것 물어보는데요. 그렇지 않아도 힘든데, 자꾸 물어보니까 짜증도 나고 힘들어요." 무엇 때문에 아이는 힘들까요? 여기서도 에너지 방향의 차이 때문에 서로 충돌하고 있습니다. 어머니는 전업주부입니다. 외부 활동을 하지 않는다면 종일 집에 있을 수도 있습니다. 에너지가 외부로 향해 있는데, 집에서만 있었으니 매우 답답했을 겁니다. 그러니 아이가 학교 갔다 집에 오면 엄청나게 반가울 겁니다. 어서 빨리 대화하고 싶겠죠. 오늘 학교에서 무슨 일이 있었는지 궁금할 겁니다. 그래서 이것저것 물어보는 것이죠. 하지만 아이는 이미 에너지가 고갈된 상태입니다. 내향형에게는 종일 학교에서 공부했다는 것만으로 기운이 빠지게 됩니다. 이럴 경우 내향형은 혼자만의 공간에서 휴식을 취하거나 잠을 자며 에너지를 충전하는 것이 좋습니다. 그러니 위 사례와 같은 엄마의 질문은 이미 쓰러져 가고 있는 아이에게 마무리 펀치를 날리는 것과 같을 겁니다. 그래서 외향형 어머니들은 꼭 알아두셔야 할 것이 있습니다. 집안에 혼자 고립되어 있다는 느낌을 받지 않도록 주의하셔야 합니다. 특히 자녀가 영유아 때, 온전히 아이만을 바라보고 있다면, 어느 날 문득 "나 잘 살고 있나?", "행복한가?"라는 생각을 하며 우울증에 빠질 수도 있습니다. 따라서 외향형이라면 적절한 외부 활동이 필요한 것입니다.

옛날에 소와 사자가 살고 있었다.
둘은 너무나도 사랑해서 결혼해 같이 살게 되었다.
그리고 둘은 항상 서로에게 최선을 다하기로 약속했다.

소는 사자를 위해 날마다 제일 맛있는 풀을 사자에게 대접했다.
사자는 풀이 너무 싫었지만 사랑하는 소를 위해 참고 먹었다.
사자도 매일 소를 위해 가장 연하고 맛있는 살코기를 소에게 대접했다. 고기를 먹지 못하는 소도 괴로웠지만 참고 먹었다.

하지만 참을성에도 한계가 있는 법이다.
둘은 마주 앉아 이야기를 나누었지만
결국, 소와 사자는 크게 다투고 끝내 헤어지고 말았다.

헤어지면서 서로에게 한 말은 "난 당신에게 최선을 다했어."였다.

_학토제, 『성찰이야기 : 소와 사자의 사랑』

반대로 어머니가 내향형(I)이고 자녀가 외향형(E)일 경우 발생될 수 있는 충돌 상황이 있습니다. 위 외향형 어머니의 경우와 반대라고 보시면 되는데요. 내향형 어머니는 자녀에게 차분하고 안정된 분위기를 제공하려고 할 겁니다. 하지만 아이는 활발한 활동을 할 가능성이 높겠죠. 심지어 어머니가 자신과 놀아주기를 바랄 겁니다. 챙겨야 할 집안 일이 쌓여 있는데, 옆에서 달려드는 아이가 있다면 내향형 어머니에게는 스트레스로 다가올 겁니다. "해야 할 일이 태산인데, 왜 이렇게 놀자고 해!", "집에서 조용히 하고 저리가 있어!" 등의 표현은 외향형인 아이로 하여금 엄마가 자신을 싫어하는 것으로 생각하게 만들 수 있습니다. 그래서 아이는 "엄마는 저랑 안 놀아줘요. 늘 시끄럽다고 잔소리만 하세요."라는 표현을 하게 되는 것입니다.

또 다른 상황을 얘기해보겠습니다. 외향형 자녀가 학교 끝나고 집에 오면 내향형 어머니는 어떠한 행동을 할까요? 차분히 앉혀 놓고 공부를 시키려고 할 겁니다. 이 때 외향형 아이는 어머니가 바라는 대로 가만히 앉아 공부를 할까요? 공부하는 습관이 잘되어 있지 않다면, 5분 이상 앉아 있기 어려울 겁니다. 에너지가 외부로 향해 있기 때문에 한 자리에 앉아 무언가 집중하는 것이 힘들 수 있다는 얘기입니다. 외향형 학생의 경우 여럿이 토론하고 활동하며 학습하는 것을 선호하기 때문에 혼자 한 자리에서 장시간 공부하는 것은 힘든 일이라는 것이죠. 이 때, 어머니는 다름을 이해하고 외향형인 자녀에게 맞춰 보려고 노력하는 것이 좋습니다. 외향형은 차분히 앉아서 혼자 공부하는 것이 힘드니, 단계적으로 학습 방법을 바꿔 보는 겁니다. 여러 명이 함께 공부하다가 소수 그룹으로 그리고 혼자서 할 수 있도록 하는 것이죠. 또 혼자 공부하는 것도 5분, 10분, 30분씩 시간을 늘려주는 겁니다. 이와 같이 먼저 아이 입장에서 생각해보고 행동하다 보면 아이는 엄마와 매우 친밀하다고 느끼게 될 겁니다.

그럼 계속 아이 입장에서 무조건 맞춰줘야 할까요? 그렇지 않습니다. 자녀의 입장을 충분히 고려했다면 원만한 소통이 잘 이뤄질 겁니다. 그렇다면 엄마의 성향에 대해 설명하고 협조를 받는 것도 필요합니다. "엄마는 OO와 많이 놀아주고 싶지만, 쉽게 지치는 편이야. 그리고 잠깐이라도 혼자 있어야 힘이 생기니 잠시만 기다려줄 수 있을까?"와 같이 아이에게 엄마의 성향을 설명하고 도움 받을 필요가 있습니다. 아이가 가족을 통해 서로 다름을 알게 하는 것은 바람직한 대인관계 형성에 중요한 영향을 줍니다.

※ 위에서 설명해드린 외향형(E)과 내향형(I) 어머니의 특징은 성격유형이 가지고 있는 공통적인 부분을 말씀드린 겁니다. 같은 성향도 자라온 배경과 현재 상황에 따라 다른 모습을 보일 수 있기 때문에, "이런 성향이니 이럴 거야."라고 단

정하기보다 성향별 공통적인 특징을 참고하여 자신을 객관적으로 살펴보시기를 추천해드립니다.

 홍재기 작가의 한 마디

무엇보다 부모가 자신의 모습을 객관적으로 바라볼 수 있을 때, 자녀를 보는 눈도 형평성을 잃지 않는다는 것을 기억하세요. 외향형(E) 어머니는 집안에서 고립되어 있다는 느낌을 가지지 않도록 하는 것이 좋습니다. 또한, 내향형(I) 자녀도 잘 자랄 수 있다는 믿음을 가지도록 노력해보세요. 그리고 내향형(I) 어머니는 적어도 하루에 30분 정도는 혼자만의 시간을 갖는 것이 필요합니다. 만약 자녀가 외향형(E)이라면 어머니의 성향을 설명하고 도움 받을 필요가 있습니다. 그렇지 않을 경우 아이는 일부러 자신과 어울리지 않으려 한다고 오해할 수 있으니까요.

건강한 욕망

딸아이가 대학에 합격하고 나니, 나는 엄마의 의무가 다 끝난 것처럼 마음이 홀가분했습니다. 이제 자유로운 영혼이 되었다는 일종의 '해방감'이랄까요? 자유 부인이 된 나는 본격적으로 하고 싶은 것을 찾아 '제대로' 열정을 쏟을 기회를 노리기 시작했습니다. 그렇게 하이에나가 된 나는 주변을 탐색했습니다. 글을 쓰고 싶었던 욕망 덕분일까요? 내 눈엔 온통 '책 모임'과 '글쓰기 모임'만 보이기 시작했습니다.

2022년 봄 우연히 인스타그램을 통해 '림태주 글쓰기 학교'의 모집요강을 보게 되었습니다. 림태주 작가의 수필 '너의 말이 좋아서 밑줄을 그었다'에 이미 매료되었던 터라 망설임 없이 지원서를 보냈습니다.

안녕하세요? 림태주 선생님

믿고 싶지 않지만, 이젠 더 이상 빼도 박도 못하는 중년의 나이가 되어 버렸습니다.

이쯤 되고 보니 자꾸만 저 자신을 들여다보게 됩니다.

산모퉁이를 돌아 논가 외딴 우물을 홀로 찾아가선 가만히 들여다봅니다.

우물 속에는 달이 밝고 구름이 흐르고 하늘이 펼치고
파아란 바람이 불고 가을이 있습니다.

그리고 한 *女子*가 있습니다.
어쩐지 그 *女子*가 미워져 돌아갑니다.

돌아가 생각하니 그 *女子*가 가엾어집니다.
도로 가 들여다보니 *女子*는 그대로 있습니다.

다시 그 *女子*가 미워져 돌아갑니다.
돌아가다 생각하니 그 *女子*가 그리워집니다.

우물 속에는 달이 밝고 구름이 흐르고 하늘이 펼치고
파아란 바람이 불고 가을이 있고 추억처럼 *女子*가 있습니다.

윤동주의 '자화상'에 나오는 '사나이' 대신 '*女子*'를 넣어 보았습니다.
선생님, 지금 제 심정이 딱 이렇습니다. 저 자신이 미웠다가 불쌍하다가 안쓰럽다가 그립다가,
다시 미웠다가, 안됐다가, 그립다가 그렇습니다. 그런 저 자신을 극복하고 싶습니다. (이하 생략)

이렇게 편지를 써서 보냈습니다. 그리고 글쓰기 학교에서 글공부를 시작했습니다. 단톡방에 올라오는 도반들의 글을

보며 글 보는 안목도 높일 수 있었습니다. 품평을 통해 글이 어떻게 구조화되는지를 체험했습니다. 나의 글을 진지하게 바라볼 수 있는 시간도 가져보았습니다. 무엇보다 글쓰기 수업을 통해 내가 얻은 것은 관찰과 사색의 힘이었습니다.

> "새로운 일을 시도하고, 위험을 무릅쓰고, 넘어지고, 상처받고, 그러고도 더 많은 위험을 무릅쓰는 사람들과 어울려라. 진실을 단언하고 자신과 생각이 다른 이들을 비난하는 사람들, 존경을 얻으리라는 확신 없이는 한 발짝도 행동으로 옮기지 않는 사람들, 의문보다 확실성을 더 좋아하는 사람들을 멀리하라."
>
> _파올로 코엘료, 『아처』

매일 쓰는 글들은 모이면 인생철학이 됩니다. 글을 쓰다 보면 질문하는 힘이 생겨요. 나 자신이 궁금해집니다. 나에게 계속 말을 걸고 물어봅니다. 그러면 '참자기'가 튀어나와 나에게 말을 걸어줍니다. '참자기'와 만날 수 있는 좋은 방법은 쓰기에 몰입해 보는 겁니다.

글은 생명입니다. 내가 쓰는 글들이 나를 움직이게 합니다. 생각하는 사람으로 만들고 애정 어린 눈으로 사물을 바라보게 만들어 줍니다. 그러니 당신의 하얀 노트에도 생명을 불어넣어 보세요. 일단 써보는 겁니다. 쓰지 않으면 영원히 쓰지 못하고 쓰면 쓸 수 있습니다. 누군가는 말합니다. 책을 많이 읽지 않아서, 아는 어휘가 몇 개 없어서, 이런저런 이유로 글을 못 쓴다고 말입니다. 책을 많이 읽어야 쓰는 것이 아닙니다. 책을 읽으면서 쓰는 것입니다. 무엇을 많이 알아야 쓰는 것이 아니라 쓰다 보면 알게 되는 것입니다.

　나는 학창 시절 글짓기 대회에 나가면 곧잘 상을 받았고 대학에선 문학을 전공했기에 글을 웬만큼 쓴다고 생각했습니다. 하지만 도반들과 함께 서로의 글을 읽고 품평하는 과정에서 착각하고 있다는 걸 깨달았어요. 과거의 나는 글을 잘 썼을지 모르나 현재의 나는 그렇지 않았습니다. 돌이켜보니 학교 졸업 후 전혀 글을 쓰지 않았습니다. 학원 일을 하고 주부로 살면서 글쓰기는 내 몸에서 멈추었습니다. 내 몸은 더 이상 글 쓰는 몸이 아니었던 거죠. 그런데 내 안에 꿈틀거리는 욕망에 따라 다시 글을 쓰는 내 몸을 찾아갔습니다. 그래서 신이 났습니다. 작가님에게 혼나는 것이 기뻤습니다. 채찍질이 가해질 때마다 조금씩 나아지는 나를 발견했거든요. 수천 개의 펜을 놀리지 않고 그 펜으로 어떻게 가지고 놀지를 고민합니다. 그리고 그런 내가 좋습니다.

> 여러분이 무엇을 해야 하고 어떤 영향력을 가져야 할지를 제시해 주려고 수천 개의 펜이 대기하고 있습니다.
>
> _버지니아 울프, 『자기만의 방』

📖 고민서 작가의 한 마디

건강한 욕망은 건강한 습관을 불러옵니다. 건강한 습관은 당신을 더욱 건강한 사람으로 만들어 줄 것입니다. 당신의 재능과 끼를 찾으세요.
부모 자신이 하고 싶은 일에 도전하세요. 부모가 꿈을 실현하면서 행복한 모습을 보여주는 것 자체가 자녀에게는 참교육입니다.

미안함 NO!
우리 모두는 100점 엄마

일을 하면서 육아를 한다는 것이 쉽지 않다는 건 누구나 공감할 것입니다. 저 또한 제 아이를 키우며 워킹맘으로서 힘든 시간도 많았습니다. 아이가 어렸을 때는 유축기를 들고 다니며 출퇴근을 하고, 밤에 우는 아이 달래느라 잠도 제대로 못 자가면서 출근을 하기도 했지요. 하지만 이것보다 더 힘들었던 건 아이가 아프다는 연락을 받고도 바로 가보지 못할 때였던 것 같습니다. 그럴 때마다 잘못을 한 것도 아닌데 늘 미안한 마음이 들었지요. 내 아이에게 만큼은 한없이 더 잘 해주고 싶고 더 좋은 엄마가 되어야 한다는 생각을 하는 건 비단 저 뿐만이 아닌 모든 엄마들의 같은 생각일 것입니다. 그러면서 서서히 '나'라는 존재보다 '엄마'라는 존재로 살아가는 시간으로 가득해집니다. 내가 먹고 싶은 음식보다 아이에게 먹일 음식을 더 생각하게 되고, 내가 가고 싶은 장소보다 아이가 가면 좋아할 장소를 찾게 됩니다. 사실 어찌 보면 너무나도 자연스럽고 누구나 다 그렇기에 특별할 것도 없을 수 있습니다. 하지만 이렇게 나 보다는 아이에게 많은 것을 맞추고 엄마로서 최선을 다하며 살고 있음에도 우리는 우리 아이들에게 더 좋은 것을 해주지 못하고 더 나은 엄마가 되지 못하는 것에 미안해합니다.

지금은 고1이 된 제 딸이 초등학교를 들어가고 같은 반 친구의 생일 파티에 초대되었습니다. 집이 아닌 키즈카페였는데, 엄마들도 함께 참석해서 시간을 보내자는 제안에 처음에는 조금 망설여졌지만 용기를 내어 아이와 함께 갔습니다. 이미 몇몇 엄마들은 친분이 있는 듯 아이들 먹을 음식도 함께 준비하는 모습이었습니다. 아이들도 친구 엄마에게 이모라고 부르며 아주 가까워 보였습니다. 다들 아이들끼리 엄마들끼리 친해 보이고 저와 저의 딸만 함께 하지 못하는 느낌이 들며 그 순간 여러 가지 생각이 들었습니다. 일한다고 다른 엄마들과 친해지지 못한 것 같기도 하고 우리 딸이 다른 친구들과 잘 어울리지 못하면 어쩌나... 고민이 되기도 했었습니다. 어린이집을 다닐 때는 아이가 아파도 바로 달려가지 못했던 상황에 속상했었는데 그것과는 다르게 또 다시 일을 하는 엄마로 아이에게 미안한 마음이 들었던 순간이었습니다. 그날 이런 저의 고민을 늘 가깝게 지내는 친언니에게 털어 놓으며 하소연을 하였습니다. 하지만 오히려 저를 격려해주며 제가 최선을 다하는 엄마이자 일도 잘하는 멋진 사람이니 미안함이 아니라 자신감을 갖길 바란다는 말을 해 주었습니다. 그때 그 말이 정말 큰 위로와 힘이 되었고 그 후로도 조금 더 당당하게 워킹맘으로 지낼 수 있었던 계기가 되었습니다.

지금 생각해 보면 참 아무것도 아닌 일입니다. 심지어 제 딸은 그날 엄마가 생일파티에 함께 했던 기억조차 없다고 합니다. 아마도 친구들과 즐겁게 생일파티를 했던 좋은 기억만 남아 있겠죠. 엄마 혼자만의 미안함으로 아이를 대할 필요는 전혀 없을 것입니다.

워킹맘이 아닌 엄마들을 어떨까요? 오히려 더 많은 미안함을 가지고 있을지도 모릅니다. 전업주부라는 이유로 더 완벽하게 살림을 하고 아이들을 더 잘 케어 해야 한다고 생각할 수 있습니다. 제가 아는 지인은 직장을 다니다가 아이가 초등학교에 들어가면서 일을 그만 두었습니다. 초등학교에 들어가면 오히려 엄마 손이 많이 필요하다는 판단 때문이었지요. 하지만 직장 다닐 때보다 더 바쁘고 해야 할 것들이 많다고 하소연을 합니다. 그렇다고 아이한테 더 잘하기보다 자꾸 부딪히는 일이 많아지고 그러면서 더 미안해진다고 합니다.

-

완벽한 사람이 없듯 완벽한 엄마는 없습니다. 아이에게 더 잘 해주고 싶은 마음은 엄마로서 당연하지만 늘 미안한 마음을 갖지 않았으면 좋겠습니다. 우리는 어떤 상황이든 엄마로서 최선을 다하고 있습니다. 어느 상황이나 부족함은 있을 수 있지요. 하지만 부족한 엄마라서 미안하다는 마음을 자꾸 갖다 보면 아이로 하여금 엄마는 늘 미안해해야 한다고 생각할지도 모릅니다. 전혀 잘못한 게 없는데도 말입니다.

> 누가 당신을 못난 엄마라고 했나. 당신 자신이다. 내가 나를 못난 엄마로 만들고, 그런 냄새를 풍기고, 내 아이를 못난 아이로 만들고 있다. 지금의 나, 그대로 괜찮은 엄마다. 그저 살아 있기만 하면 100점 엄마다. 언제든지 내 아이를 사랑할 수 있으니까. 아이와 함께 환하게 웃을 수 있으니까. 지금 당장 안아줄 수 있으니까. 아이가 지금이라도 "엄마!" 하고 부를 수 있게 해주니까. 아이가 언제든 내 품에 안길 수 있게 해주는 나는 인류 역사상 유일무이한, 내 아이의 최고 엄마다!
> _윤우상, 『엄마 심리 수업』

'자식은 부모의 뒷모습을 보고 자란다.' '자식은 부모의 거울이다.'라는 말이 있듯 아이들은 부모의 냄새를 맡고 자랍니다. 우리 아이들이 스스로 최선을 다하고도 부족한 부분이 있다고 생각하며, '미안함'과 '죄책감'을 갖는 삶의 태도를 가지면 안 될 것입니다. 어떤 상황이든 엄마로서 최선을 다한 자신에게 격려와 존중을 한다면 우리 아이들 또한 최선을 다한 자신을 격려하고 스스로 존중하는 태도를 갖게 될 것입니다.

김홍임 작가의 한 마디

아이에게 더 잘 해주지 못해 미안한 마음이 드나요?
엄마의 상황이 이래서, 저래서 또 미안한 마음이 드나요?
그럴 때 마다 NO! 라고 고개를 저으시고 꼭 기억하세요!
지금 당신은 내 아이에게 최고 엄마라는 사실입니다.
최선을 다하고 있는 최고의 엄마입니다.

PART
II

너무 가깝지도
너무 멀지도 않은
부모와 자녀 사이
유지하기

부모가 언제까지 자식의 결정에 영향을 끼쳐야 할까요?

부모의 영향을 받지 않고 혼자 결정할 수 있는 시기,
저는 그 시기가 빠르면 빠를수록 좋다고 생각합니다.

처음으로 아이가 스스로 생각하고
행동한 것에 대해 존중해 주세요.

아이의 자기주도력이 생기고 키워지는 그 순간은
아이가 부모의 말을 듣지 않고
스스로 결정한 그 순간이란 것을 잊지 마세요.

그때 부모는 아이에게
행동에 대한 책임감과 주체의식을 만들어 주세요.
그렇게 성장하는 아이는
좀 더 빨리 자기 주도적으로 목표를 정하고
부모 없이도 홀로 설 수 있는 성인으로서
튼튼히 자랄 겁니다.

부모 없이도 홀로 서는
자식 나무 만들기

최근 엄마가 아들이 취업한 회사로 찾아와 사장과 면담을 하고, 군부대에서 환경개선을 요구하는 사병의 아버지가 난동을 피우는 등 어른이 된 자녀의 일로 부모가 관여하는 일들이 주변에서 심심치 않게 발견됩니다. 어른이 된 자녀가 스스로 행동할 수 없게 만드는 이러한 행동들, 도대체 왜 일어나는 걸까요? 본질적으로 이와 같은 사건들의 원인은 부모들의 과잉보호에서부터 시작됩니다. 현재 많은 한국의 부모들이 '하나만 낳아 잘 기르자'라는 구호 아래 내 아이가 남의 아이보다 부족하지 않도록 최선을 다해 경쟁하고 있습니다. 이러한 열풍은 학령인구가 줄었음에도 사교육비는 오히려 증가하는 효과를 만들고 있죠. 동네의 여느 카페든지 2명 이상의 어머님이 모여 있게 되면 자녀교육에 대한 이야기가 빠짐없이 등장합니다. 그만큼 한국이란 나라는 자녀교육에 대해 대단히 큰 관심을 가지고 있습니다. 이러한 과한 교육 열풍은 내 아이에 대한 집요함으로 바뀌게 되었고, 그 부모의 집요함은 아이의 행동을 통제하고 나아가서는 아이가 주도적으로 행동하는 것을 '잘못된 행동'이라 규정하기에 이르게 되죠.

한번은 학원에 상담 오신 한 학부모와 이야기를 진행한 적이 있었습니다. 그런데 이 학부모는 학원에 와서 처음 30분간 자녀에 대한 자랑을 시작했습니다. 그러더니 갑자기 이렇게 이야기하더군요.

"이렇게 잘하고 말 잘 듣던 우리 아이가 갑자기 변했어요. 원래 제 말이라면 잘 듣고 학원도 한 번도 안 빠지고 잘 다니던 아이었는데, 지금은 자기가 하고 싶은 게 있다며 공부를 안 하려 해요. 선생님, 어떻게 해야 할까요?"

그 질문에 저는 이렇게 대답했습니다.

"아이가 '스스로' 생각하고 결정할 수 있는 성장이 이루어졌네요. 어머님, 아이가 하고 싶다는 것이 무엇인지 물어보고 인정해 주시는 것부터 시작하셔야 합니다."

위 사례의 어머니는 자신의 말을 잘 듣고 따르는 아이를 은연중에 착한 아이, 그렇지 않고 자기주도력을 발휘하는 아이를 나쁜 아이로 규정하고 있는 겁니다. 이렇게 인식이 되어

버리고 나서는 아이는 점점 더 자기표현을 하지 않게 되거나, 부모에게 본심을 비추지 않고 감춰 버리게 되죠.

항상 교육하면 빼먹을 수 없는 단어 중 하나가 자기주도력입니다. 그리고 무엇보다 학부모님들께서는 '자기주도력이 있는 스스로 생각할 줄 아는 아이가 되게 해 주세요'라고 요청합니다. 하지만 자녀를 키우는데 있어서는 아이의 결정을 신뢰하지 못한다면, 주도력이 향상될 수 있을까요? 결국 자기주도력이 저하되는 가장 큰 원인 중 하나는 부모의 행동일 겁니다. 우리 학원의 경우 학부모가 아무리 보내고 싶어도 아이가 다니고 싶은 마음이 없으면 절대로 등록을 시켜주지 않습니다. 스스로 다니겠다고 결정하고, 스스로 하겠다는 다짐이 되었을 때만 등록을 시켜주고 있죠. 만약 아이의 결정 없이 학부모 의사대로 아이를 입학시켜 원하는 성적이 나왔다 하더라도 결국에는 지속력 있게 꾸준한 공부를 하기 힘듭니다. 더욱이 하려는 마음이 없는 학생을 공부 할 수 있게 바꾸려면 긴 시간과 노력이 필요하지요.

한번은 자신의 의사가 아닌 부모 의지로 학원에 강제로 들어온 학생이 하나 있었습니다. 그렇게 학원에 오게 되자 공부에 대한 의욕 뿐 아니라 학원을 오는 태도도 좋을 리가 없었죠. 그렇게 하루 이틀 빠지게 되고, 학부모에게 등원하지 않는 학생에 대한 연락을 드려도 되돌아 온 대답은 이거였습니다.

"아니 학원에 보냈으면, 아이가 학원에 오게끔 하는 것도 학원의 역할 아닌가요?" 학생의 주도력이 없는 공부는 비효율적으로 이뤄질 수밖에 없습니다. 제아무리 좋은 기수가 말에 타더라도 말이 달리지 않으면 소용없듯이 아이들 스스로가 공부하는 목적을 찾고 달려 나갈 목표를 잡아야 합니다. 이러한 것을 만들어 주는 역할이 주변 환경입니다. 당연히 가장 밀접하게 연관되어 있는 부모의 역할이 중요해 질 수 밖에 없겠죠.

좋은 부모란 모든 것을 다 해주는 존재가 아닙니다. 아이들이 기대지 않고도 홀로서기가 가능하게끔 만들어 주는 존재가 되어야만 합니다. 〈공공의 적〉이라는 영화에서 유학파 펀드매니저인 40대 아들이 노부모에게 펀드 투자금 1억 원을 빌려 달라고 간청합니다. 하지만 지금까지 아들을 위해 고생한 노부모는 그 청을 거절했고, 아들은 강도로 위장해 부모를 잔인하게 죽이고 돈을 훔치게 됩니다. 여기에서 부모는 자신을 죽일 강도가 아들임을 직감하고 범죄가 발각되지 않도록 비참하게 죽으면서 까지 현장에 남겨진 아들의 손톱을 삼킵니다. 아들을 보호하기 위해서라지만 너무나도 끔찍한 내용이 아닐 수 없습니다. 자녀를 사랑하는 부모의 마음이라 이해할 수도 있습니다. 그렇지만 잘못된 부모의 헌신이 초래한 자식의 비참한 행동이라는 생각이 듭니다. 좋은 부모란 어려울 때 너무나도 당연히 도와주고 헌신하는 존재가 아닌 어려운 것을 아이 스스로 극복할 수 있는 용기와 의지를 만들어 주는 존재가 되어야 합니다. 그래야 아이가 성장해서도 자립을 하고 스스로의 인생을 개척해 나갈 수 있는 것이죠.

　최근 2, 30대가 되어서도 부모 그늘에서 벗어나지 못한 젊은이들이 많습니다. 큰일이든 작은 일이든 스스로 결정하지 못하고 부모에게 의존하는 그런 청년들은 나이가 들어서도 자립하지 못하고 늦은 나이까지 부모와 같이 살기도 합니다. 부모가 언제까지 자식의 결정에 영향을 끼쳐야 할까요? 부모의 영향을 받지 않고 혼자 결정할 수 있는 시기, 저는 그 시기가 빠르면 빠를수록 좋다고 생각합니다. 처음으로 아이가 스스로 생각하고 행동한 것에 대해 존중해 주세요. 아이의 자기 주도력이 생기고 키워지는 그 순간은 아이가 부모의 말을 듣지 않고 스스로 결정한 그 순간이란 것을 잊지 마세요. 그때 부모는 아이에게 행동에 대한 책임감과 주체의식을 만들어 주세요. 그렇게 성장하는 아이는 좀 더 빨리 자기 주도적으로 목표를 정하고 부모 없이도 홀로 설 수 있는 성인으로서 튼튼히 자랄 겁니다.

 서동범 작가의 한 마디

부모는 자식이 스스로 생각하고 결정할 수 있는 시기를 앞당겨 주어야 합니다. 또한 자신이 결정한 결과에 책임을 져야 함도 알려주어야 하겠죠. 좋은 부모는 하루라도 빠르게 아이가 부모 없이 홀로 설 수 있도록 도와줄 수 있는 부모란 사실을 명심해야 합니다.

돌담에 속삭이는
햇살같이

자녀의 행복을 바라는 부모의 마음은 햇살과 같습니다. 따스한 봄 햇살은 차가움을 녹이고 새벽에 동트는 햇살은 어둠을 밝혀 줍니다. 이처럼 부모의 사랑과 관심은 자녀에게 불안과 고통을 줄여줍니다. 환하고 따스한 미래를 기대할 수 있게 해줍니다.

우리가 아이를 키우면서 가슴 벅찼던 순간 중에 하나를 꼽으라면 배를 대고 기던 아이가 처음으로 자신의 힘으로 두발로 서서 한걸음을 떼는 순간일 것입니다. 이렇게 모든 것을 부모에게 의지해야만 했던 우리의 어린 아가들이 스스로 성장하고 독립적인 존재로 발전해 나가고 있습니다. 그래서 영화의 한 장면처럼 우리 삶에 선명하게 기억되는 순간이 됩니다.

아이가 넘어지는 것에 대한 두려움을 떨쳐내고 걸음마를 내딛을 수 있었던 것은 부모의 격려와 그동안 두 손을 잡고 함께 걸어왔던 시간들이 있었기에 가능했습니다. 부모의 사랑이 아침 햇살처럼 아이의 마음에 두려움을 걷어내고 용기를 가득 채워주셨을 것입니다.

어릴 때는 이렇게 자녀에 대한 무한 격려와 응원으로 '건강하게만 자라다오.'라는 마음이셨던 시간들을 기억하실 겁니다. 하지만 아이가 학교에 다니기 시작하면서 성적표라는 평가물이 나오면 부모는 불안과 걱정으로 가득해지시기 시작하고 상황은 변해갑니다. 우리는 대부분 자녀가 학교에서 말 잘 듣는 착한 아이로 지내며 좋은 대학에 들어가야 하는 것이 행복의 필요조건으로 여깁니다. 그 후 좋은 직장에 취업하고 능력 있는 배우자를 만나서 남들보다 많은 경제적 수입을 얻길 희망합니다. 내 아이가 탁월한 능력과 부를 소유하게 되면 행복해 질것이라고 믿기 때문입니다. 그래서 부모들은 많은 걸 희생하며 아이들의 뒷바라지를 위해 최선의 노력을 다합니다. 자녀가 미래에 성공하기를 바라는 부모의 마음은 당연한 것입니다. 부모는 자녀를 사랑하고 자녀의 행복과 안전을 최우선으로 생각하기 때문에 미래에 더 나은 삶을 살기를 희망하는 것이겠죠.

그러나 이러한 바람이 너무 지나치면 자녀에게 부담감을

줄 수 있습니다. 부모가 자녀에게 너무 많은 압박을 주거나 자신의 못다 이룬 꿈을 강제로 전가하는 것은 자녀의 성장을 방해할 수 있습니다. 또한 우리 자녀가 누려야 할 미래의 행복한 삶이 마치 성적표의 결과와 같을 것이라고 생각하기에 많이 불안해합니다. 그래서 아이들이 공부하면서 들인 노력과 그 과정에 대한 칭찬과 격려보다 성적표에 적힌 등급에 대해서만 평가되는 것 같아 안타까울 때가 많습니다. 하지만 우리 인생은 단순히 학교 성적 결과에 의해 성공의 여부가 결정되는 것이 아니라는 것을 잘 알고 계실 겁니다.

시험이 끝났을 때, 자녀에게 어떤 말을 건네나요?
혹시 단순히 성적표만 보고 모든 걸 평가하는 건 아닌가요?

시험 결과가 마음에 들지 않더라도 이러한 대화를 시도하길 권해드립니다.

"이번 시험에서 넌 최선을 다했니? 그랬다면 설사 성적이 좋지 않더라도 네 실력은 향상됐을 거라고 믿는단다. 만약 노력한 것에 비해 성적이 잘 나오지 않았다면 네가 너무 속상할 것 같아. 그리고 혹시, 최선을 다하지 않았다면 후회가 많이 될 거야. 이번 시험에 무엇을 잘하고 잘못 준비했는지 우리 얘기를 나눠보자. 그럼 다음 시험에는 좀 더 효과적으로 대비할 수 있을 거야. 결과도 중요하지만 그보다는 과정 속에서 네가 얼마나 노력하는지가 더 중요하단다."

체스나 바둑과 같은 경기를 한 후 그 시합을 복기해 보는 것처럼 자녀와 함께 시간을 가져 보세요. 복기는 선수들이 자신들이 하였던 경기의 내용을 되짚어 보며 스스로에게 아쉬웠던 부분을 검토해보고 개선해 나아갈 수 있도록 점검하는 것을 의미합니다. 저는 이 복기가 참 중요하다고 생각합니다. 자신이 아쉬웠던 부분을 스스로 찾아내어 인정하고 그에 대한 개선 방안을 세우는 것은 실력 향상에 있어서 엄청난 도움이 되기 때문이죠. 그뿐만 대비책을 세우는 과정에서 사고력이 향상되는 효과도 있습니다.

이렇게 아이와 함께 시험 준비 과정과 결과에 대해 얘기를 나눠 보세요.

아이는 목표를 이뤄내기 위해 노력했던 시간을 스스로 평가해볼 수 있을 겁니다.

상대적으로 적은 노력을 했음에도 불구하고 좋은 결과가 나오는 학생들도 있고 많은 노력을 해도 좋지 않은 결과가 나오는 학생들도 있습니다. 따라서 아이들도 상황에 따라 다른 결과가 나올 수 있다는 점을 인정하고, 아이들이 한 노력과 태도에 대해 칭찬을 해주셨으면 좋겠습니다. 성적이 좋지 않아 제일 속상한 것은 학생 본인일 것입니다. 그런데 노력에 대한 인정 없이 결과만을 탓하게 된다면 자녀들은 억울한 마음이 들 수 있습니다. 그래서 공부와 학습에 대한 흥미를 더욱 잃게 되는 경우도 많이 있습니다.

진정으로 모든 부모는 자녀가 자신의 꿈과 목표를 향해 한 걸음 한 걸음 내딛으며 행복에 도달하길 원하실 것입니다. 우리 자녀가 결과에만 치우치기보다 과정을 즐길 수 있는 아이로 성장하길 위해 몇 가지 제안을 드리고자 합니다.

첫 번째, 성취보다는 노력과 성장을 칭찬해 주세요.
자녀가 노력을 기울였고 발전했다는 것을 인정해 주는 것이 결과보다 더 중요합니다.
그러한 노력이 성적으로 당장 나타나지 않더라도 삶에 대한 긍정적인 태도와 힘든 순간을 극복할 수 있는 도전 정신을 얻게 될 것입니다.

두 번째, 실패를 포용해 주세요.
자녀가 실패했을 때 혼내시는 것보다 오히려 그것을 배움에 기회로 삼을 수 있도록 도와주세요. 살아가면서 자신의 모든 노력이 성공을 거두는 것은 아니니까요. 어떤 사람도 평생 실패하지 않고 살수는 없습니다. 실패를 받아들이고 일어설 수 있는 지혜를 나누어주신다면 자녀는 실패를 두려워하지 않는 용기를 얻게 될 것입니다.

세 번째, 자녀의 자율성을 존중해 주세요.

자녀가 스스로 생각하고 선택하는 것을 존중해 주시고, 스스로 자신들의 문제를 해결해 나갈 수 있도록 도와주세요.

네 번째, 규칙을 명확하게 정해주세요.
규칙이 분명하고 일관되게 적용된다면 자녀는 더 쉽게 과정에 집중할 수 있습니다.

마지막으로 배움의 즐거움을 잃지 않도록 돕는 것이 중요합니다.
논어의 첫 장에 "배우고 때로 익히면 즐겁니 아니한가!"라는 첫 구절이 있습니다.
성적으로 인해 학습에 대한 흥미를 잃고 자기 자신에게 실망하게 된다면 성적보다 더 많은 것을 잃게 됩니다. 그러니 마치 걸음마를 걷다가 넘어졌을 때 박수치고 격려해주셨던 그때의 마음으로 자녀를 응원해 주세요. 시험 결과가 나쁠 때, 자녀를 더욱 격려해 주세요. 좌절하고 실망하는 마음을 덜어내고 다시 도전할 수 있는 용기를 얻을 수 있습니다.

또한 결과가 좋더라도 단순히 성적만을 칭찬하기 보다는 구체적인 과정에 대해 칭찬해주세요. 아이는 성취의 즐거움을 더욱 잘 알아가게 될 것입니다.

이렇게 부모가 자녀에게 긍정적인 피드백을 제공하고 노력과 성취를 인정해 준다면, 자녀는 더 많은 동기부여와 자신감을 얻게 될 겁니다.

돌담에 속삭이는 햇살처럼….

자녀를 존중하고 이해해주는 부모의 마음을 표현해 주세요.

 김미란 작가의 한 마디

아이가 자신의 힘으로 두 발로 섰을 때 감격을 떠올려 보세요.

그때처럼 순수하게 아이가 노력하고 시도하는 모습에 함께 기뻐하고 격려해 주세요.

아이는 결과를 떠나서 자신의 성취를 긍정적으로 볼 수 있는 삶의 자세를 가질 수 있을 것입니다.

사춘기, 우리아이들이
진화하는 시간

저는 어렸을 적 몰입을 잘하는 학생이었습니다. 주변에서 뭐라고 하든, 집중하고 있는 하나에 대해 끝까지 집중하고 끝내는 스타일이었습니다. 한번은 시에서 주관하는 과학박물관에 갔던 적이 있었습니다. 거기에서 봤었던 인체 모형과 생명활동이 일어나는 기작들을 관찰하며 '나에 몸이 정말로 정교하고 세밀하다'는 것을 느끼게 되었죠. 그날 이후로 생명과학이라는 과목에 많은 관심을 가지게 되었답니다. 이런 어렸을 적의 계기는 대학교에 이르기까지 저에게 없어서는 안 되는 중요한 주제이자 핵심 역량으로 자리매김하였습니다.

이렇게 하나의 관심주제가 생기자 이 주제에 대해 알고 싶어 하던 나의 욕구는 자연스레 다른 과목을 공부하는 데까지 영향을 주게 되더군요. 그렇게 한 분야에 몰두해 공부하는 것을 좋아하고, 성적도 나쁘지 않게 받았던 평범한 모범생 부류의 학생이었던 저는 대학생 때 한 번의 큰 전환기를 맞이하게 됩니다. 대학생인 저는 중고등학생 때의 나와 180도 바뀌었습니다. 소심하기만 했던 모습에서 탈피해 먼저 나서기 좋아하고, 하나의 주제에만 몰입하기보다는 좋아하는 여러 가지 것들을 함께 진행하고자 했습니다. 그 결과로 인해 하나의 주제에 대한 집중도는 떨어졌지만, 어떠한 일에 대한 행동력과 실행력은 매우 좋아졌습니다. 이는 한 계기에 의한 변화였고, 그 변화를 통해 저는 분명 바뀌었답니다.

학생을 가르치고 상담하면서 이런 아이들의 변화의 순간들을 저는 직접 목격한답니다. 사실 모든 아이들이 항상 이러한 급격한 변화를 겪는 건 아닙니다. 하지만 작든 크든 아이들의 꿈틀거림은 적지 않게 개개의 가치관과 목표, 심지어는 성격까지도 바뀌게 하는 경우가 있죠. 이 변화를 일반적으로 사춘기라고 부릅니다. 사춘기의 사전적인 정의는 '인간 발달 단계의 한 시기로, 신체적으로는 2차 성징이 나타나며 정신적으로 자아의식이 높아지면서 심신 양면으로 성숙기에 접어드는 시기' 라고 나와 있습니다. 이 시기는 개인의 자기 주도화적 과정이자 개인 스스로의 자아표출, 이것들이 행동이나 생각 그리고 성격에까지 영향을 미치게 된답니다. 이러한 사춘기는 단순히 어른들이 보았을 때 긍정적으로 보기만은 힘들죠.

사춘기 기간 동안 학생들은 신체적으로 그리고 정신적으로 크게 성숙하게 됩니다. 이에 따라 자아의식 확립, 그리고 스스로 생각하는 능력이 강화되죠. 그러다 보니 많은 학생들이 사춘기가 시작하고 나서 엄마 말을 잘 듣지 않는다는 이야기들을 많이 합니다. 이러한 '말을 잘 듣지 않는 현상'은 아이들이 자아확립이 되지 않은 사춘기 이전 시점에서 부모님의 행동에 의해 만들어 졌을 가능성이 매우 높습니다.

한 학생의 부모는 두 분 다 의사였습니다. 그러다 보니 자식에게 거는 기대가 매우 컸었죠. 이 학생은 초등학교 저학년 때부터 고등학교 2학년에 이르기까지 의대에 가기 위한 공부를 잘하고 있었습니다. 하지만 고2에 들어서자 무언가 큰 변화를 맞이하게 됩니다. 부모의 말을 듣지 않고 학원에 말도 없이 등원하지 않는 등의 행동을 보이기 시작했습니다. 결국 이러한 변화로 인해 성적은 크게 떨어졌고, 부모의 초조함은 커진 상황이었답니다. 얼마 후 이 학생의 어머니께서 아이 행동에 대한 상담을 요청하셨고 저는 아이와 상담을 통해 해결책을 모색해 보기로 합니다. 하지만 저의 걱정과는 다르게 이 아이는 자신이 무엇을 해야 하고, 무엇을 하고 싶은지에 대해 명확한 방향이 잡혀있는 상태였답니다. 그 일은 바로 '유튜버'였습니다. 이미 2년 전부터 자신의 채널을 운영을 해 오고 있었고, 구독자 또한 상당한 인원수를 확보해 놓은 상태였습니다. 하지만 부모의 큰 기대와 바람을 충족시켜야 한다는 생각 때문에 공부를 놓지 않고 꾸준히 노력하고 있던 것이었죠.

그렇지만 이 학생은 한 계기에 의해 각성하게 됩니다. 바로 '나'라는 자아의식이 조금 더 확장되고 부모의 '바람'보다 자신의 '목표'를 더 높은 우위에 두게 된 것이죠. 2학년이 되자 공부를 안 하고 학원에 가지 않은 것도 자신이 목표한 바를 달성하기 위해 유튜브 관련 강의를 들으러 갔었다고 고백하더군요. 결국 2학년 겨울방학 되는 시점에 이 학생은 '자신이 하고 싶은 일'을 당당하게 부모님께 말하고 진로를 바꾸기에 이릅니다. 사실 이 학생은 공부를 딱히 못하는 편은 아니었습니다. 하지만 이러한 공부 목표는 부모님의 큰 기대 때문에 만들어 져 온, 즉 자신의 의지가 아닌 타인에 의해 만들어진 가상의 목표였던 거죠.

　물론 이러한 긍정적인 케이스만 있는 것은 아닙니다. 너무 억압된 자아가 갑자기 밖으로 나오려 할 때 어떠한 뚜렷한 목표 없이 그저 반대의 방향으로 나가려는 일종의 경향이 생기기도 합니다. 이것을 일종의 반항기라 표현하는데, 반항기에는 항상 그 행동을 하게끔 만든 주체가 존재합니다. 예를 들어 공부를 부모에 의해 억지로 하게 된 경우 '공부를 하지 않는 것'이 되고, 나의 의도와 상관없이 억지로 하게 된 일의 경우 '그 일을 그만두는 것'으로 표출되는 것이죠. 반항의 표현으로 하는 반대 행동에 대해서는 마땅한 대안을 찾기 어렵습니다. 그렇기에 부모나 선생은 답답한 마음이 생길 수밖에 없는 것이겠죠.
　사실 반항기보다 더한 상황이 있습니다. 바로 무기력증입니다. 무기력증은 아무것도 하기 싫은 상태가 지속적으로 나타나는 경향을 이야기 합니다. 대표적으로 일하지 않고 일할 의지도 없는 청년 무직자를 뜻하는 신조어인 '니트족'도 이러한 무기력증의 대표적인 예 중 하나입니다. 무기력증은 스스로의 자아를 찾지 못하고 의지가 사라진 상태로, 어찌 보면 반항의 의지가 있는 케이스보다 심각한 케이스로 받아들어야 합니다. 이 상태가 심해지면 우울감이 오거나 사회적으로 고립되어 버리는 상황까지 갈 수 있기 때문에 '어떻게 하면 아이의 자아를 끄집어 내 줄 수 있는지'에 대한 장기적인 해결책이 모색되어야 합니다.

반항기와 무기력증, 이 모두가 사춘기라는 중요한 시기에 나타날 수 있는 아이들의 현상 중 하나입니다. 하지만 이러한 부정적인 변화 말고도 아이의 성향이 바뀌거나 스스로의 목표가 새로 생기는 시기이기도 합니다. 이러한 변화의 시기에 부모나 주변의 선생들이 어떻게 행동하느냐에 따라 대단히 큰 변화를 만들어 냅니다. 그렇다면 이러한 사춘기 때 부모로서 아이에게 해 줄 수 있는 것은 무엇일까요?

첫 번째로 칭찬을 해주세요. 어렸을 적 아이들은 많은 칭찬을 받으며 커갑니다. 하지만 나이가 들고 성인이 되어 갈수록 이러한 칭찬의 비중은 많이 줄게 되죠. 아이들이 무기력증에 빠지는 가장 큰 이유는 칭찬의 부재로 인한 자존감 상실에서 찾아볼 수 있습니다. '나는 무엇을 하든 잘 안될 거야', '내가 하는 일이 원래 이렇지 뭐' 이러한 반복적인 자존감 하락과 주변 시선들로 인해 스스로의 자아 찾기를 포기하고 모든 것을 놔 버리는 상태에 이르게 되는 거죠. 하루에 한 번씩 아이에게 사소한 칭찬을 3번만 해 주세요. 어렸을 적 뒤집기를 처음 한 아이에게 보냈던 박수와 같이 성적을 못 받은 아이일지라도, 컴퓨터 게임을 많이 하는 아이일지라도 "오우! 우리 ○○, 게임 정말 잘하네! 친구들 중에서 제일 잘하는 거 아니야?"라는 부모의 칭찬 한마디가 아이에게는 크나큰 힘이 되고 자존감을 키워가는 데 중요한 역할을 할 겁니다.

그리고 두 번째로 인정입니다. 이 아이는 나와는 다른 하나의 객체로써 인정해야 한단 것이지요. 나의 자식이 아닌 하나의 성인으로서 스스로의 자아를 찾아가는 과정이 사춘기랍니다. 따라서 내가 원하는 것이 아닌 아이가 원하는 것을 스스로 찾게끔 해주고 그것을 인정해 주는 것 그리고 스스로의 행동에 대한 책임은 부모가 아닌 각자에게 있음을 가르치는 것, 그것이 아이들을 올바르게 양육하고 가르치는 학부모와 선생의 역할이 아닐까요?

 서동범 작가의 한 마디

사춘기라는 시기는 아이들이 자아를 찾아가는 당연한 과정입니다. 이 과정 중에 아이들이 반항기나 무기력증에 빠질 수 있답니다. 이러한 잘못된 방향으로부터 전환시키기 위해서는 부모의 칭찬과 인정이라는 두 가지 요소가 필요합니다. 이 두 가지를 통해 아이가 스스로를 인정하고 개인의 가치를 찾아가도록 도와주세요.

작심삼일
사춘기

일부 학부모께서는 아이가 공부에 고민하지 않고 관심도 없는 것 같다고 하십니다. 또 아이는 가족보다 친구가 더 우선이라는 생각하는 것 같다고 말씀하시죠. 그런데 제가 상담을 해 보면 생각보다 아이들은 공부에 대해 걱정을 많이 하고 부모와의 관계에서 가장 큰 불안함을 느낀다는 겁니다. 적어도 우리 학원에서 제가 지켜본 아이들은요.

요즘 제 아이들 삼남매는 사춘기를 겪고 있습니다. 중2, 초6, 초5학년 아이들인데 감정기복이 널뛰듯 심합니다. 그렇게 수다스럽고 엄마한테 착 붙어 안기던 아이들이 방에서 쭈뼛쭈뼛 나오기를 꺼려합니다. 엄마와 할머니가 정한 틀을 자꾸 벗어나고 제멋대로인 것도 모자라 셋이 차례차례 꾸준히 하던 공부도, 학원도 그만두고 쉬었습니다. 뭐, 그동안 꾸준히 해왔으니 잠시 쉴 수도 있고 안 해도 된다고 쿨하게 다 쉬게 했습니다. 그랬더니 생활습관이 엉망진창이 되고 가만 놔뒀더니 밤을 새고 게임을 하느라 학교도 지각에 결석을 밥 먹듯 하는 겁니다. 이건 아니란 생각이 들어 학생의 본분은 공부이니 그게 싫으면 빨리 학교 자퇴하고 하고 싶은 걸 찾아보는 것이 좋을 거라고 엄포를 놨습니다. 아이들은 싹싹 빌고 다시는 결석이나 지각하지 않고, 학원 공부 열심히 하겠다는 약속을 단단히 받았죠. 하지만 하루아침에 엄마랑 한 약속을 잘 지킬까요? 절대 그렇지 않다는 거죠. 한 2주일 빤짝하더니 또 엉망진창이 되는 것입니다. 참다참다 저도 화가 치밀어 올랐고 급기야는 저희 엄마한테 "애들이 내 마음대로 안 되고 엉망진창인 것이 다 내가 잘못 키웠나봐. 엄마, 속이 상해서 죽겠어. 애들 못 키우겠어!" 하고 엉엉 울어 버렸습니다. 엄마는 더 한 애들도 많다고, 밖에 나가 나쁜 짓 하지 않고 착한 애들이라고 조금 지나면 다 아무것도 아닌 일이라며 저를 달래셨습니다. 식탁에서 밥을 먹다 엉엉 울고 있으니 아이들이 한둘씩 왔다 갔다 하며 제 눈치를 보기 시작했습니다. 그래서 이때다 싶어 아이들을 앉혀 놓고 말했습니다.

"엄마가 시간 없고 바쁜 거 알지? 잔소리할 시간 없는데 지금 시간이 좀 되거든? 잔소리 좀 하자! 듣기 싫으면 들어가! 근데 아마 들어가면 혼나겠지?"

아이들은 혼날 줄 알고 눈치를 보고 불편하게 앉았습니다. 저의 첫 마디는 이것이었습니다.

"작심삼일이란 말 아니?"
아이들은 들어봤지만 잘 모르겠다고 합니다.

"작심삼일이란 말은 마음을 먹고 계획을 세워도 3일을 못 간다는 뜻이야. 목표를 세우고 실천을 하려고 애를 쓰는데, 얼마나 많은 사람들이 3일을 못 가면 이런 말이 있겠어? 너희들도 늘 엄마랑 열심히 한다고 약속하고 공부 계획을 세웠지만 3일을 못 갔을 거야. 그렇지만 1년 넘게 국어, 한자 문제집을 꾸준히 푼 적도 있지. 그건 정말 대단한 일이었어. 방학이 시작되는 이 시점에 엄마는 너희들한테 위대한 계획을 바라지 않는다, 꾸준히 방학이 끝날 때까지 지킬 수 없다는 것도 알아. 자, 우리는 작심삼일을 긍정적으로 이용해볼까? 그동안 계획을 세우거나 엄마랑 약속한 것을 며칠 만에 어기거나 지키지 못 할 때 기분이 어땠지?"

"기분이 좋지 않고 죄책감이 들었어요."
제가 예상한대로 아이들은 대답을 했습니다.

"자, 이 세상 많은 사람들이 작심하고 삼일을 넘기지 못 하니까 우린 그걸 긍정적으로 이용하자! 우리가 지금 계획을 잡고 3일을 넘긴다면 정말 기쁘겠지만 3일을 넘기지 못 하더라도 1-2일이나 해낸 걸 칭찬하는 게 어때? 이렇게 하기 싫은걸 이틀이나 참고 하다니! 난 정말 대단해. 그리고 마음을 먹고 계획을 세운 걸 칭찬하자. 하루 이틀하고 실패하고 다시 계획을 세우고 다시 하다 실패를 하는 반복을 한 달을 했다고 쳐보자! 한 달에 적어도 10일 이상은 해낸 거 아니니? 1년을 치면 120일 이상은 해낸 거 아니야? 계획을 세우고 마음을 먹지 않는다면 1년 동안 단 하루도 일어나지 않을 일이야. 계획을 세우고 무언가를 시도하는 것만으로도 무슨 일이든 일어날 수 있어. 우린 전략적으로 작심삼일을 이렇게 긍정적으로 이용하면서 서로를 칭찬해주자! 한번 작심삼일을 시작해 보자!"

아이들은 점점 표정이 밝아지고 눈빛이 반짝반짝해졌습니다. 요즘 엄마의 싸늘한 표정과 실망한 반응으로 아이들은 자신들이 사랑받지 못 하고 있다는 생각이 들었고, 엄마와 멀어지는 것 같아 슬프고 만사에 의욕이 없었다고 합니다. 그래서 엄마와 대화를 나누고 가까워지고 싶어 했는데, 때마침 대화를 나누게 된 겁니다. 그리고 저도 마음속에 있던 것들을 털어놓았습니다.

너희들이 뱃속에 있을 때부터 잘 키우고 싶은 욕심에 매일 도서관에 가서 육아에 관한 온갖 서적을 쌓아놓고 읽으며 나만의 육아방식에 대해 방향성을 잡았는지, 태어나자마자 햇볕을 매일같이 쐬게 해 주고 바람을 느끼게 해주었는지, 셋을 연년생으로 임신해서 몸이 무거움에도 오감 발달을 위해 매일 같이 나가 많은 경험을 시켜주려 얼마나 갖은 노력을 했는지, 태어났을 때부터 들려준 음악들과 읽어준 책들에서 엄마가 얼마나 간절하게 너희들에게 정성을 쏟아 잘 키우고 싶어했는지를 얘기해 주었습니다. 그런데 그렇게 정해놓은 철칙과 계획들이 다 내 마음대로 되지 않았고 세 아이 성향이 다 달라 얼마나 숱하게 고민을 하며 시행착오를 겪었었는지, 엄마는 전부 다 계획대로 전략을 짜서 움직이는 사람이고 세상 모든 것이 내가 원하는 대로 되게 만드는 사람인데 너희가 내 마음대로 되지 않아 얼마나 속이 상하고 힘이 들었는지, 그걸 또 너희들에게 표현 안 하고 혼자 꾹꾹 참아내고 포기했는지를요. 포기라는 것은 엄마의 욕심을 포기한 것이고, 너희들의 생각과 하고 싶은 것들을 그냥 인정하는 과정에서 엄마가 자꾸 마음을 비워내는 것이 힘들었다고 얘기했습니다.

아이들도 제가 표현 안 한 것에 인정을 하고 이렇게 얘기해 주더군요.

"엄마가 다른 엄마들처럼 시험 못 봤다고 혼내거나 하지 않고, 수고했다고 다음에 열심히 하면 된다고 말해줘서 전 늘 행복한 아이라고 생각했어요. 엄마가 바쁘고 열심히 사는 모습 보여주시는 것 자체만으로도 오히려 저는 정말 멋지고 존경스러워요. 이렇게 자식한테 도움이 되는 이야기를 해 주시는 엄마는 이 세상에 없을 거예요. 정말 자랑스러워요. 엄마가 우리를 무조건 믿어주시는 것처럼 저도 무조건 이다음에 훌륭한 사람이 될 거라고 믿어요. 한 번도 의심해 본 적이 없어요, 저 자신을."

아이들은 부모의 생각 이상으로 부모를 믿고 따르고 맹목적으로 사랑합니다. 폭력을 당하는 아이에게 부모와 같이 살 건지 말 것인지를 선택하게 하면 대부분의 아이들이 폭력을 휘두른 부모와 같이 살기를 바란다고 하죠. 부모가 자식을 사랑하는 것은 일방적이라 생각하지 마세요. 자식은 부모가 무슨 짓을 해도, 어떤 사람이라도 사랑하고 믿고 따릅니다. 그런 우리 아이들을 내가 원하는 방식으로 틀에 가두고 내가 원하는 목표를 설정해서 그대로 따르게 할 수 없습니다. 아이는 부모의 소유물이 아니니까요.

많은 학부모들께서 사춘기 문제로 상담 요청을 많이 하시는데요, 학부모들은 말을 잘 듣고 잘 따라오던 아이가 부모가 원하는 대로 이제 말을 듣지 않으면 사춘기가 왔다고 말씀하십니다. 사춘기로 인한 문제이기보다 이제 자기주장과 선택을 요구하는 시기가 온 것이라고 보는 것이 좋을 겁니다. 즉, 부모와 독립하여 어른이 되어가려는 과정인 것이지요. 부모에게 대들고 돌발 행동을 하는 것이 사춘기가 아닙니다. 사춘기란 어른이 되어가는 과정입니다. 그럼 사춘기인 아이들은 왜 그렇게 갑자기 부모의 말을 듣지 않고 삐딱해질까요? 그 삐딱함에 부모들은 내 자식이 어떻게 이럴 수 있는지 상처를 받고 힘들어하시면서 우울증까지 걸리는 경우도 봤습니다.

　조금만 멀리 떨어져 제 3자의 눈으로 사춘기를 바라볼 필요가 있습니다. 어떤 행동에는 다 이유가 있습니다. 이제 자기만의 생각과 주장이 생기고 독립되려는 하나의 과정인 것이지, 부모를 공격하고 상처주려는 의지가 절대 아닙니다. 생각보다 사춘기로 변화된 자신의 모습을 힘들어하는 부모의 모습을 보며 더 불안정하고 힘들게 느끼는 아이들이 많습니다. 본인도 호르몬 분비로 인해 감정 컨트롤이 안 되고 어려운데 부모가 더욱 크게 반응해 힘들어하고 "내가 널 어떻게 키웠는데, 나한테 이렇게 버릇없이 굴 수 있어?" 라는 말로 죄책감을 안겨주어 더욱 더 낭떠러지로 아이를 밀고 있지는 않는지 생각해 보아야 합니다.

인문학을 한다는 것은 사실 버릇없어지는 것이라고도 말할 수 있을 거예요. 익숙한 것, 당연한 것, 정해진 것들에 한번 고개를 쳐들어 보는 일이에요. 왜? 익숙하게 하는 것, 편안하게 하는 것들은 자기가 아니기 때문이에요. 그럼 무엇이냐? 관습이거나 이념이거나 가치관이거나, 뭐, 그런 것들이죠. 인문학의 기본 출발은 '생각'이에요. 인문학은 출발부터 생각과 함께합니다. 철학의 출발 자체가 믿음의 체계인 신화로부터 벗어나면서 시작되지 않았나요? 철학 즉 인문적 사조가 시작되기 전인 신화의 시대에 인간이 하는 일은 뭡니까? 바로 믿는 일이에요. 이 믿음을 거부하고, 믿음의 대상에 고개를 쳐들고 인간의 길

을 가겠다, 하고 인간 스스로의 힘으로 생각하기 시작할 때, 이때가
바로 철학의 시작입니다. 바로 인문학적 시작입니다.

_최진석, 『인간이 그리는 무늬』

인간이라면 스스로 생각하고 선택할 줄 알게 됩니다. 저는 스스로 독립적으로 해나가려 많은 고뇌를 하는 기간이 사춘기란 생각이 듭니다. 생각이 시작되는 사춘기 시기는 철학, 인문학이 시작된다고 말할 수도 있겠습니다. 즉, 평생을 살아가는 우리 아이들의 가치관이 형성되는 시기라 볼 수 있을 것입니다. 우리 어른들이 사춘기를 아이들이 성장하는 시간으로 만들면 어떨까요? 너무 소중하고 귀한 우리의 자식이 잘되길 바라는 마음으로, 또 시행착오를 겪지 않고 세상을 알려주겠다는 명목 하에 이것저것 잔소리를 늘어놓고 참견을 하지만 우리가 하는 말들 아이들이 귀담아 들을까요? 이러한 부모의 말들을 아이들 입장에서는 잔소리라고 생각합니다. 사춘기 아이들이 가장 많이 하는 말 있잖아요?

"날 내버려 두세요. 잔소리하지 마세요. 참견하지 마세요."

아이들은 혼자 생각할 시간이 필요한 것입니다.
스스로의 철학과 인문학이 시작되기 위해서는 생각할 시간을 충분히 주어야 합니다.

제가 학부모들께 부탁드리고 싶은 점은 이것입니다. 우리 아이 사춘기가 왔을 때 우리는 어른이 되어가는 과정이라고 박수쳐주고 입 꾹 다물고 지켜봐주면 어떨까요? 작심삼일하든 실패하든 실수하든 그것에 대해 응원해주는 것입니다. 실수와 실패의 경험은 아이가 앞장서서 가는 길을 절대 외롭고 힘들지 않게 해 줄 것입니다. 부모의 잔소리가 듣기 싫다며 방문 닫고 들어가 친구에게 더 의지하는 것도 다 이유가 있는 것입니다. 우리가 사춘기를 인정하고 응원해주는 역할을 한다면 아마 우리 아이들은 방문을 활짝 열고 부모에게 먼저 고민 상담을 요청하는 일도 있을 것입니다. 우리 모두가 바라는 그림이잖아요?

문제를 세지 말고 감사할 것을 세어라.
_데일 카네기, 『데일 카네기 자기관리론』

물론 마음속에 도를 많이 닦아야겠습니다. 저도 부모이기 이전에 사람인지라 너무 속이 터지고 화가 날 때 뉴스에 나오는 비행 청소년을 떠올리며 우리 아이는 그렇게까지 나쁜 짓을 하진 않는다고, 그것만으로도 감사하며 마음을 가라앉힙니다. 신기하게도 그런 생각을 하면 정말 집 안 나가고 얌전히 집에 있는 것만으로도 감사하더라고요. 하하하

차라리 바쁘게 내 삶을 사는 것도 한 가지 방법입니다.

우리가 올바르게 내 삶에 집중해서 열심히 살아가는 모습을 보여준다면 그 길로 아이들이 잘 지켜보고 따라올 것입니

다. 부모는 자식의 거울이란 말이 괜히 있는 말이 아니겠지요. 부모가 자식한테 쏟아 붓는 관심을 사랑의 눈빛과 응원으로 바꿔주시고 조금 한 발자국만 떨어져 지켜봐 주시는 것, 우리 한 번 시도해 볼까요? 연 날리듯 아이를 키우라는 말이 있잖아요. 아주 가느다란 실만 붙잡고 멀리 훨훨 날려야 더 높이 잘 나는 것 아시죠? 사춘기 아이일수록 연을 날리듯 아이를 놓는 연습을 해 봅시다.

 임현정 작가의 한 마디

우리 아이들과 작심삼일을 긍정적으로 이용해 봅시다. 무엇이든 시도한다면 그 자체만으로도 칭찬해 주세요. 작심삼일일지라도 한 달, 1년이 모여 그 어떤 것이든 해내고 있을 거니까요.

1등 아빠의
조건

이제 만 2, 3살이 된 두 자녀를 둔 아빠로써 1등 아빠가 되기 위해 아이들에게 행복한 경험 그리고 믿음과 지지를 전해주려고 노력합니다. 주말마다 아이들과 함께 여러 장소를 다니며 추억을 쌓아가고, 쉬는 날 틈틈이 아이를 위해 시간을 냅니다. 하지만 과연 나는 좋은 아빠인가에 대한 생각이 머릿속에 계속 맴돕니다.

여러분은 자녀에게 여러분은 어떤 아빠이고 싶나요?

저에게 있어 '아빠'라는 기억은 모든 해낼 수 있는 슈퍼맨이자 올바른 방향을 잡아주는 사람이었습니다. 어렸을 적 무엇이든 고장이 나면 아빠가 고쳐주고, 문제가 생기면 해결해 주시는 것에서부터 '아빠는 무엇이든 다 가능하시구나.'라는 생각을 하게 되었던 것 같습니다. 더불어 제가 잘못된 행동을 하거나 잘못했을 때는 그 누구보다도 무서운 분이셨습니다. 정말 도깨비가 따로 없을 정도로 엄하고 무서웠기 때문에 항상 조심히 행동하려고 노력했던 기억이 납니다. 하지만 반면 저에게 있어서 아빠는 제가 가고자 하는 길을 항상 믿고 응원해 준 든든한 조력자이기도 합니다. 어렵게 생각했던 아빠가 뒤에서 조용히 응원해 주고 믿어준다는 사실이 제가 이렇게 성장하는데 대단히 큰 역할을 했던 것이죠.

위의 저의 예시와 같이 아빠는 어릴 적 아이들의 자아와 가치관을 형성하는 데 있어서 큰 영향을 주는 사람입니다. 아빠와의 교감이 아이의 성격을 결정한다는 말이 있을 정도로 아이와 함께 어떠한 시간을 보냈는지는 매우 중요하다는 것이죠. 그렇기 때문에 정확한 지식을 가지지 않은 상태로 아이를 가르치거나 행동하면 나쁜 결과를 초래할 지도 모릅니다. 아이들은 무서울 정도로 상처 되는 기억에 민감하기 때문인데요. 어렸을 적 부모님께서 싸웠던 시기를 떠올려 보세요. 아마 바로 기억날 겁니다. 그럼 부모님과 같이 동물원에 놀러간 기억은요? 이러한 사소한 기억들이 쌓여 아이의 가치관을 형성하고, 앞으로 성장함에 있어 큰 영향력을 행사합니다. 그렇기 때문에 아버지들이 자녀의 교육에 신경 쓰려는 요즘의 경향은 긍정적인 방향이라고 볼 수 있겠네요.

최근 아빠의 교육 참여가 대두되고 있습니다. 단순히 돈을 벌어다 주는 역할에서 벗어나 아이의 양육과 교육의 책임 등 가정에서 해야 할 역할을 할당 받는 이러한 아빠들을 '스칸디 대디(Scandi Daddy)'라 한답니다. 2018년 유통업계에 따르면, 새 학기가 시작될 무렵 아이들의 입학 준비에 나서는 아빠들이 크게 늘어났다고 발표했습니다. 3040 남성들의 자녀 양육 책임감이 늘어나고 있다는 신호죠. 이에 따라 '엄마 교육'뿐 아니라 '아빠 교육'에 대한 관심도 덩달아 높아지고 있는 추세라 할 수 있죠. 『바짓바람 아빠들이 온다(SBS스페셜 제작팀)』라는 책에서 포항공대, 서울대를 진학한 두 자녀를 가지고 있는 배윤철 씨가 아빠 교육의 장점에 대해 이렇게 이야기 합니다. "아이에게 현실적인 조언을 해줄 수 있고 아이의 자존감이 높아질 수 있다는 것이 장점인 듯합니다" 그러면서 부모가 무작정 아이를 학원에 다니게 하기보다 자신만의 교육철학을 가지고 아이들을 교육해야 한다고 이야기 합니다. 그렇게 배윤철 씨는 아이에게 조언하되 통제하지 않는 부모, 좋아하는 것을 더욱 잘할 수 있도록 격려하는 부모였답니다.

수능 만점자 서울대생과 성균관대생 두 자녀를 둔 원우식 씨는 이렇게 이야기 합니다. "단 한 번도 학원에 가라는 이야기를 하지 않았어요. 그저 묵묵히 아이를 믿어주며 함께 공부해 준 것이 다였죠." 학생의 교육과 학습에 대한 아빠의 관심도가 올라간 것은 괄목할만한 긍정적인 상황으로 볼 수 있습니다. 하지만, 이러한 관심도 과하면 독이 될 수 있다는 사실도 알아 두어야 합니다. 단순히 많은 관심 갖고 영향을 준다고 해서 좋은 결과가 나오란 법은 없습니다. 오히려 직접적인 개입보다는 심리적인 지지와 안정된 가족 분위기 유지 등이 아이들에게 더 큰 영향을 준다는 연구결과도 있습니다. 아빠라는 존재로 인해 자존감을 형성하게 되는 아이들에게는 어렸을 적 아버지의 가치관이나 교육관은 아이의 평생을 결정한다고 해도 과언이 아니기 때문입니다. 그렇기에 심리적인 안정감이나 학생들의 자존감을 키워줄 수 있는 간접적인 태도가 오히려 더 큰 도움을 줄 수 있음을 인지해야만 합니다.

따라서 가치관이나 룰 설정이 되어 있지 않은 상태에서 아버지가 자녀를 직접 교육하는 것은 오히려 좋지 않은 관계를 형성하는 경우가 많습니다. 자녀에게 있어서 아버지는 울타리, 지지자, 성실한 사람, 친구, 롤 모델의 이미지가 강하답니다. 하지만 직접적인 양육과정에서 긍정의 이미지도 무너질 수도 있다는 사실을 인지해야 합니다. 아무리 좋은 선생이어도 자기 자식은 가르치지 않는 이유가 여기에 있답니다. '현실적인 조언을 해주는 아버지'가 교육에 있어서는 오히려 독이 될 수 있다는 점이죠. 실제로 어렸을 때 까지는 사이가 좋다가도 아이를 공부시키고 관리하게 되면서 사소한 이유로 자주 부딪치고 잔소리 하게 되고, 그러다가 아이와 멀어지게 된 케이스를 많이 보아왔습니다. 원우식 씨 사례와 같이 그저 지켜봐 주고 믿어주는 것만으로도 아이에게 심리적으로 큰

지지대 역할을 해 주기에 과도한 개입을 줄이고 아이와의 교감과 소통 그리고 아버지의 교육가치관 확립이 선행조건이 되어야 합니다.

그렇다면 과연 1등 아빠란 어떤 아빠일까요? 공부를 잘하고, 좋은 대학에 진학한 학생들에게 아버지에 대한 연상되는 단어를 이야기 해 보라 하자 이들에게 나온 단어들은 이러한 것들이었다고 합니다. 진심, 사랑, 울타리, 지지, 성실, 친구, 롤 모델 등등 아빠에게 친근감과 긍정적인 단어들이 많이 눈에 띕니다. 반면, 비행을 저지르거나 범죄를 저지른 학생들의 '아빠'에 대한 인식은 극단적으로 다름을 볼 수 있습니다. 술, 주정, 폭력, 강요, 억압, 불신, 가정폭행 등등 말이죠. 당연히 이 내용만 가지고 일반화시키기는 힘들겠지만, 가정에서 아빠의 역할이 아이들에게 큰 영향을 준다는 사실은 부인할 수 없는 사실입니다. 더불어 금전적 혹은 실질적인 도움을 주는 역할보다는 심리적 안정감을 주는 지지대의 역할을 우리 아이들이 더 강하게 기억하고 있음을 잊지 마셔야 합니다.

 서동범 작가의 한 마디

> 좋은 아빠의 기준은 항시 변합니다. 아이들에게 있어 1등 아빠는 아이의 자존감이라는 주춧돌을 세워 줄 수 있는 아빠, 아이 개개의 심리적인 평화를 줄 수 있는 그런 아빠, 아이의 잘잘못을 따지기보다 그 잘못을 납득시켜 줄줄 아는 아빠, 아이를 진심어린 사랑으로 바라봐 주는 아빠가 정말 자녀들에게 있어 1등 아빠가 아닐까 생각해 봅니다.

우리 아이의 성(性)인식
- 가정 성교육의 필요성

"아빠하고 이제 안 씻을래"

우리 딸아이가 최근 저에게 한 말 중 가장 충격적인 말이었습니다.

이제 만으로 3살, 개월 수로는 38개월이 된 첫째 딸이 최근 들어 부끄러움이란 것을 느끼기 시작하고 있는 신호였습니다. 이럴 때 한편으로는 섭섭하면서도 우리 딸이 이제 성장하고 있음을 느끼는 신호로써 한편으로는 뿌듯함이 들기도 합니다. 성(性)정체성이 형성되기 시작하는 이러한 시기에 여러분들은 아이의 성교육, 어떻게 진행하고 계신가요?

아이들의 성교육, 어찌 보면 대단히 중요하고도 어려운 주제가 아닐 수 없습니다. 특히 우리나라의 정서상 부모가 아이에게 성에 대해 이야기하기를 꺼리는 경우가 대부분입니다. 실제로 아이들에게 언제 성에 대해 정확히 알게 되었냐는 질문에 영상매체 혹은 음란물을 통해 처음 접해보았다는 대답이 30%가 넘을 정도로 아직도 성에 대한 교육이 제대로 이뤄지지 않음을 볼 수 있습니다. 덩달아 성정체성에 대해 형성이 되지 않은 채, 호기심만으로 벌어진 실수로 인해 돌이킬 수 없는 결과를 만들기도 합니다.

『아동·청소년 이용 음란물에 대한 인식조사, 한국형사정책연구원, 2016』에 따르면 실제 아이들의 첫 경험의 시기가 2007년 14세, 2011년 13.6세, 2015~16년 12세로 점차 빨라지고 있음을 보여주고 있습니다. 성관계를 경험한 여학생의 10.5%가 임신을 겪었으며, 10.1%의 남학생과 10.3%의 여학생이 성병이 걸린 적이 있는 것으로 조사되었습니다. 하지만 이 중 제대로 된 성교육을 받은 학생들은 10%도 되지 않습니다. 이 조사 결과에서 우리가 알아야 할 것은 아이들이 어렸을 적부터 가정에서의 성교육이 이뤄져야 한다는 사실입니다. 아이들이 "아기가 어떻게 생겨요?"라고 물어봤을 때 더 이상 "다리 밑에서 주워왔어"라고 대답해서는 아이들에게 도움이 되지 못합니다.

그렇다면 알고는 있지만 쉽지 않은 아이들의 성교육, 어떻게 하는 것이 적절한 방법일까요? 최근 어린아이들을 대상으로 하는 성교육 동화책 그리고 영상 등이 많이 제작되고 있습니다. 저희 4살짜리 큰딸의 경우도 현재 성교육 동화책을 통해 성에 대한 호기심과 성 정체성 그리고 남자와 여자가 다르다는 것을 간접적으로 학습하고 있습니다. 더불어 아이가 궁금해 하는 것에 대해 최대한 솔직하게 숨김없이 이야기 해주려 노력합니다. 한번은 아이가 이렇게 질문한 적이 있었습니다.

"아빠, 아빠는 왜 내 꺼랑 달라?"
자연스레 몸에 대한 호기심이 생겼다 판단한 저는 이렇게 대답해 주었습니다.

"응, 이건 아빠가 남자이기 때문이야. 우리 딸은 여자이기 때문에 모양이 다를 수 있어.
엄마는 모양이 똑같으니 남자일까 여자일까?"
이렇게 물어보자 바로 "엄마는 여자네!"라고 대답하더군요.

보통 아이가 질문할 때는 그 질문을 질문으로 받아주는 것이 도움이 됩니다. 아이 스스로 다시 한 번 생각하게 하는 학습 효과도 얻을 수 있고 더불어 아이가 자기 생각을 표현하는 방법에 대해 배우게 되니까요.

아이에게 성에 대한 이야기를 할 때 필요한 6가지 기준이 있는데요. 이 6가지가 무엇인지 살펴보도록 하겠습니다.

첫째, 아이와 자연스런 대화를 통해 이야기합니다. 아이가 관심을 가지고 물어보거나, 궁금증을 가질 때는 자연스러운 소재를 통해 궁금증이 해소 될 수 있게 해 주는 것이 좋습니다. 성에 대한 이야기를 꺼내려 할 때 부모님이 불편해 한다던가, 꺼림 찍하게 여긴다면 아이들은 이러한 질문을 하는 것이 옳지 않은 일이라 판단하고 이후에는 표현하지 않을 겁니다. 그렇기에 자연스럽고 부담스럽지 않게 호기심을 만들어 주고, 그 내용을 이야기 해 주는 것이 아이의 성 정체성 형성에 큰 도움이 됩니다.

둘째, 아이의 눈높이에 맞춰 이야기합니다. 아무리 정확한 성교육이 중요하다고 한 들 어린 아이들에게 성관계에 대해 논할 수는 없는 노릇이겠죠. 아이가 "아이가 어떻게 생겨요?"라고 물어보게 된다면 자연스럽게 "남자가 성장하면 아이 씨앗이 생기고 여자가 성장하면 씨앗을 심는 화분이 생겨, 그때 엄마와 아빠 같이 서로를 사랑하게 되면 화분에 아이 씨앗을 심고 하루하루 예쁘게 물을 주면서 무력 자라서 아이가 되는 거란다."라는 식으로 아이 관점과 눈높이 그리고 상황에 맞춰 설명할 수 있어야 합니다.

셋째, 성교육은 단순이 남녀의 신체 차이를 배우는 것에서 끝나는 것이 아니라 서로의 다름을 이해하고 공감하는 과정이 되어야 합니다. 현재 20대의 남녀 갈등이 최고조에 이르고 있습니다. 서로에 대한 혐오와 무시 그리고 욕설들이 난무하고 있는 상황을 보다보면 참으로 답답한 점들이 많습니다. 남자와 여자는 서로 다른 객체이고 생각이 서로 다를 수밖에 없습니다. 서로에 대한 성적인 이해와 공감은 성 갈등을 해소하는데 있어서도 큰 해결책이 될 것입니다.

넷째, 부모의 좋은 관계가 가장 좋은 성교육의 첫걸음입니다. 아이들이 가장 먼저 보는 남자와 여자는 누구일까요? 바로 여러분입니다. 즉 여러분 가정 내에서의 관계에 따라 아이들의 성에 대한 인식이나 관점이 바뀔 수 있습니다. 이러한 점에서 부모의 좋은 관계와 서로 배려하는 태도는 아이들에게 있어서 좋은 표본이 될 수 있다는 점을 항상 명심하셔야 합니다.

다섯째, 어색하더라도 아이의 성장과정에 맞추어 성에 대한 이야기를 자녀와 할 수 있어야 합니다. 실제 청소년기에 접어든 학생들에게 콘돔이나 피임약에 대해 이야기하는 학부모들이 몇이나 될까요? 하지만 대부분의 학생들은 이러한 경험들을 실제로 하고 있고, 여러 성적인 위험에 노출되어 있습니다. 청소년 낙태문제, 미혼모 문제 등을 통해 알 수 있듯이, 단순히 성에 대한 이야기를 기피할 것이 아니라 가정과 학교에서 좀 더 적극적인 성교육이 이루어 져야 합니다. 단순히 성기의 생물학적인 특징이나 구조를 배우는 것이 아닌 어떻게 남녀가 성행위를 하게 되고 그로 인해 어떻게 아이가 생기게 되는지 그리고 원치 않는 아이가 생기지 않게 하기 위해 어떠한 방법들이 필요한지 등의 적극적인 성교육이 꼭 이뤄져야 합니다. '내 아이는 아니야'라는 생각이 더 큰 문제를 야기할 수 있다는 점을 명심하시기 바랍니다.

여섯째, 자신의 몸이 소중하다는 것을 알려주세요. 사랑을 하면 관계를 가질 수 있습니다. 하지만 그전에 앞서서 자신의 몸이 얼마나 소중한 존재인지에 대해 알려주어야 합니다. 그래야 관계할 때의 소중함 자체도 이해를 할 수 게 되니까요.

『아동·청소년 이용 음란물에 대한 인식조사, 한국형사정책연구원, 2016』에 따르면 '성적 흥분에 폭력, 거칠게 다룰 때 성적 자극을 느낀다'는 항목에 남학생 26%가, '여자는 겉으로 성관계를 원하지 않는 척하지만 실제 남자가 강압적이길 바란다'는 항목에 남학생 30%가 '그렇다'라고 대답하였습니다. 이와 같은 결과는 올바른 성정체성과 성교육이 이뤄지지 않은 상태에서 영상매체나 음란물을 통해 성적인 지식을 습득했을 때 얼마나 올바르지 않은 왜곡된 성인식이 생길 수 있는지를 보여주는 지표라 할 수 있겠습니다. 그럼에도 불구하고 아직까지 학교나 가정에서는 성에 대한 교육에 대해 매우 인색합니다.

지난달 30일 경기도 킨텍스 한 강의실에서 만난 25여명의 학생 대다

수는 청소년 성관계에 대해 "어른들만 모르는 얘기"라고 입을 모았다. 학생들은 주변에서 보고 들은 얘기를 털어놓으며 청소년 임신 문제는 당사자 개인을 비난할 일이 아니라, 현실을 무시하고 제대로 된 성교육을 하지 않은 학교와 정부의 책임이 크다고 지적했다. 청소년을 무성적 존재로 바라보고 무조건 '하지 말라'고 하는 지금의 성교육으로는 청소년 임신, 낙태 문제를 해결할 수 없다는 쓴소리도 터져 나왔다.

_정세희·성기윤 기자, 「청소년 낙태 리포트⑦」, 헤럴드경제, 2019.04 기사 중

아이들이 느끼는 인식과 부모나 어른들이 느끼는 성인식의 차이는 상당합니다. "예전에는 안 그랬으니까 지금도 그러면 안 돼" 식의 대처로는 아무런 해결책이 되지 못합니다. 그렇기에 미리부터 아이들에게 성에 대한 교육을 가정에서부터 해 주어야 아이들이 올바른 성인으로 성장하는 데 있어서 많은 도움이 될 것입니다.

 서동범 작가의 한 마디

올바른 성교육이 필요함에도 아직까지 우리나라 정서상 성교육에 대해 인색합니다. 하지만 실제 학생들은 그렇지 않습니다. 첫 경험 전에 잘못된 성인식으로 인해 실수할 가능성이 크다는 것이죠. 따라서 가정에서부터 아이 눈높이에 맞는 진솔한 성교육은 꼭 필요합니다.

특별하다는 것

우리는 보통 차별화 된 특별한 무언가가 있어야 성공할 수 있다는 생각이 무의식 속에 자리 잡고 있는 듯합니다. 아니 적어도 저는 늘 그런 생각을 하고 있었던 것 같습니다. 제가 운영하는 학원 일에서도 마찬가지였습니다.

'내 학원의 정체성은 무엇인가?'
'나는 어떤 학원을 운영하고 있는 것인가?'
'나는 남과 다른 어떤 특별함을 가져 할 것인가?'
'우리 학원만의 특별함은 무엇인가?'에 대한 고민을 많이 하곤 했지요.

그러던 중 전문가의 도움을 받아 우리 학원만의 특별함을 찾고자 했습니다. 그 분과 3시간가량 인터뷰를 하고 내려주신 결론은 우리 학원은 특별함이 없어도 된다고 하셨습니다. 특별함이 없어도 이미 특별하다고 하셔서 순간 무슨 말인지 이해가 가지 않았습니다. 다시 천천히 들어보니 "남과 비교해서 유달리 다르다고 해서 특별한 것이 아니다"라고 하셨습니다. 오랜 시간동안 가장 기본이 되는 것을 성실히 누구보다 열심히 해왔고 그것이 바로 특별함이라고 했지요. 그날 이후 특별함을 갈망하며 무언가 다른 것을 찾으려 했던 마음 대신에 나는 누구보다 더 특별한 학원을 하고 있다는 자신감이 더욱 생기게 되었습니다.

그리고는 제 자신을 돌이켜 생각을 해보았습니다. 어렸을 때 저는 특별하지 않은 아이었습니다. 특히 초등학교 저학년 때까지는 어딜 가도 크게 눈에 띄지 않고 소극적이기도 하고 내성적이기도 한 아이었지요. 반면 한 살 많은 언니는 저와는 다르게 춤도 잘 추고 공부도 잘하고 다방면으로 잘해서 이목을 받았습니다. 친척들 모임에서도 늘 언니는 춤을 추며 박수를 받고 저는 구석에 숨어 부끄러워하곤 했던 기억이 납니다. 그럴 때마다 저를 특별하게 대해주셨던 분이 바로 아빠였습니다. 춤도 못 추고 부끄럼 많은 둘째 딸을 몰래 빈방에 불러 춤을 춰보라 하셨지요. 춤이라기보다 손짓 발짓에 가까운 탈춤과도 비슷한 몸짓을 보이면 아빠는 너무 좋아하시고 정말 잘 춘다 하시며 언니 몰래 동전 백 원을 주시곤 하셨습니다. 아빠는 그 우스꽝스런 저의 춤이 너무 재미있으셨던 것 같습니다. 그 때 아빠의 행복한 웃음은 지금도 잊혀 지지가 않습니다. 가만 생각해보니 나는 나대로 특별하다는 것을 그 때 아빠가 이미 가르쳐주신 게 아닐까 합니다.

대학을 졸업하고 아이들을 가르치는 일을 해보고 싶었던 저는 방문학습지 교사를 시작하게 되었습니다. 인수인계를 받았던 지역의 이전 선생님은 경력도 많고 말도 너무 잘하시는 분이었습니다. 하지만 저는 이제 갓 졸업한 완전 새내기였으니 어머니들 보시기엔 불안하고 믿음직스럽지 못한 것이 당연했을 것입니다. 처음에는 집도 잘 못 찾아가고 시간 관리를 잘 못해서 약속된 시간보다 2시간 늦게 방문하기도 했습니다. 그래서 컴플레인도 많이 받기도 했지요. 하지만 시간이 지나면서 회원이 점점 늘었고, 1년도 되지 않아 지점 1위를 하는 영광을 얻기도 했습니다. 경력이 많지도 않았고 특별히 잘 가르쳤던 것도 아니었는데 그럴 수 있었던 이유는 지금 생각해보니 그 또한 평범하고 당연한 것을 더 잘하려 했던 것이었습니다. 더 많이 친절하고 더 많이 들어주고 했던 것, 늘 밝고 활기차게 아이들을 만나려 했던 것이 그 이유였습니다.

어렸을 때 자신감이 부족하고 소극적이었던 제가 다른 사람으로부터 인정받고 자신감을 갖고 일하게 된 것은 어쩌면 어렸을 적 아빠가 저를 특별하게 여겨주신 것이 씨앗이 되지 않을까 하는 생각을 해봅니다. 이런 경험을 하고 나서 생각해

보니, 우리 모두는 누구나 다 특별함을 가지고 있다는 생각이 들었습니다. 남보다 무언가를 더 잘해서 혹은 달라서 특별한 것은 아닙니다. 남들과 비슷한 것 같아도 우린 다 자신만의 특별함이 있습니다.

보다 특별한 학원을 만들기 위해 인위적으로 찾으려 했던 저는 그것은 일부러 만드는 것이 아니라 나만의 색깔을 입히면서 자연스레 특별한 학원이 되는 것이라는 것을 깨닫게 되었습니다. 가끔은 나도 모르는 특별함을 다른 사람이 알아봐 주기도 하고요. 반드시 좋은 결과를 내서 특별해지기보다 엄마냄새처럼 우리 학원의 냄새를 입혀가야겠다고 결론을 내었지요. 빨간 색, 노란 색 등의 한 가지 색이 아니라 내 자신이 꾸준히 만들어낸 나만의 색이고 그것이야말로 특별함이 빛을 발하는 것 같습니다.

저는 어린 초등 아이들에게 늘 밝은 모습을 보여주고 싶었고 매일 오는 학원이 질질 끌려오는 것이 아니라 가고 싶은 곳이 되기를 원했습니다. 그러기 위해 내가 할 수 있는 최대한의 노력으로 아이들에게 공부하러 온 이 공간을 즐거운 공간으로 느끼게 해줬고, 학부모들께 그런 아이들의 모습을 보여주려고 노력했습니다. 성인이 되어 학원에 찾아오는 제자들을 보면 우리 학원에 다니면서 좋았던 점을 이야기하며 추억하는 모습을 볼 수 있습니다. 아이들 기억에 우리 학원만의 특별함을 기억하는 것이지요. 다른 학원과 똑같은 공부를 했다 하더라도 우리 학원의 교실, 우리 학원의 선생님, 우리 학원의 교재 등등 모든 것이 어우러져 내가 만든 나의 고유한 색이고 특별함이라 생각합니다.

"넌 네가 생각하는 것보다 훨씬 대단해"
"진짜 힘은 가장 자신다울 때 나와요"

_영화 <쿵푸팬더3>

"넌 네가 생각하는 것보다 훨씬 대단해" 영화 〈쿵푸팬더3〉에서 자신의 임무에 부담을 느끼고 포기하려고 하던 주인공 '포'에게 스승 '시푸'가 해준 말입니다. 저는 덧붙여 우리 아이들에게 "네가 생각하는 것보다 훨씬 더 특별해"라고 말하고 싶습니다. 우리 아이들은 누구나 특별한 존재임은 두말할 나위가 없습니다. 그것을 우리는 계속 알게 해 주어야 합니다. 또한 진정한 특별함은 나다울 때 나온다는 것도 말이죠.

무엇을 하든 자신을 믿고 나답게 노력을 하고 정진을 하면 그 특별함은 나만의 특별함이 아닌 다른 사람까지도 인정하는 특별함으로 빛나게 될 것입니다.

 김홍임 작가의 한 마디

우리 모두는 특별합니다. 평범한 것을 잘하는 것도 특별함입니다.
특별함은 일부러 찾는다고 되는 것이 아니라 내가 가지고 있는 것을 갈고 닦다보면 비로소 특별함으로 빛나고 인정받게 됩니다.

존재는 명사가 아니라
동사입니다.

"오늘은 선생님이 먼저다! 이 시조 설명 다 끝날 때까지 넌 듣고만 있어야 해." 듣고만 있으라니요? 수업하는 선생이 학생에게 협박하는 걸로만 느껴지시나요? 고등학교 1학년인 민수와 공부할 때는 이렇게 엄포를 놓지 않으면 안 됩니다. 자칫하다간 민수의 꼬임에 넘어가 진도는커녕 아이 이야기를 듣는 것으로 시간을 다 보내야 할 수도 있거든요. 우리는 정말 무슨 서바이벌 경기하듯 공부합니다. 내가 한 페이지 설명하고 나면 민수가 학교에서 있었던 에피소드를 이야기합니다. 하고 싶은 이야기가 봇물 터지듯 쏟아집니다. 게다가 그 줄거리는 모두 기가 막히게 재미있습니다.

밤에는 영화나 유튜브 보느라 밤새우고, 다음 날 학교 가서는 걸핏하면 싸움질하던 중학교 3학년 남학생이 있었습니다. 학원 수업 시간에는 졸기 일쑤였고, 공부는 물론 숙제도 전혀 해오지 않았습니다. 집에 전화해서 상담해 보니 이미 어머니도 손을 놓아 버린 상태였습니다. 나는 아이와 교과 진도 나가는데 급급했던 조급함을 내려놓았습니다. 어차피 진도 나가봐야 민수는 듣지도 않으니까요. 대신 민수와 대화를 시도했습니다. 처음부터 이야기가 잘 풀린 것은 아니었습니다. 일대일 수업이었기에 민수에게 맞출 수 있었고 기다려 주었습니다. 서서히 말문이 트이면서 알게 되었습니다. 민수 마음속에는 화가 가득하고 부모에 대한 원망이 있다는 것을요. 그 원망과 분노를 어떻게 분출해야 할지 모르고 있다는 것도요. 내가 할 수 있는 일은 민수의 이야기를 들어 주고 마음을 어루만져 주는 일이었습니다. 그렇게 3개월의 시간이 흘렀고 민수가 완전히 마음을 열었을 즈음부터 조금씩 공부를 시작했습니다. 더불어 성격도 밝아졌고요.

중학교 시절 민수는 반에서 중간 정도의 성적이었습니다. 간신히 자사고(자율형 사립고)에 진학했지만, 공부에 별로 흥미를 느끼지 못했어요. 하지만 달라진 것이 하나 있었는데요, 더 이상 친구들과 싸우거나 이유 없이 분노를 터트리지는 않았다는 거죠. 이야기를 잘 들어주고 공감해 준 것이 아이의 마음을 움직이게 한 힘이었다고 생각합니다.

고등학교 1학년이 된 민수는 포부가 있었습니다.

"선생님, 저 이번에 학급 회장 하려고요."

"오, 그래? 어떤 매력으로 친구들 표를 얻을 작정인데?"

"일단 우리 반 게시판을 여자 아이돌 가수 사진으로 꾸밀 거예요."

상기된 아이의 표정엔 설렘이 가득하였습니다. 친구들의 표를 어떻게 얻을 것인지 열변을 토했던 아이는 정말 1학년 1학기 학급 회장이 되었습니다.

한 번은 아침 9시 수업 중에 민수가 도시락 뚜껑을 열었습니다. "채소를 잘게 다져서 김밥을 만드셨네? 와, 이거 어머니가 싸주신 거야? 대체 몇 시에 일어나셔서 만드신 거지?" "몰라요. 맨날 아침에 무슨 물 떠 놓고 108배 하세요." "108배를 하신다고?" 나는 김밥을 맛있게 먹은 감사 인사를 드릴 겸 어머니께 전화했습니다. "어머님, 죄송해요. 요즘 민수랑 저랑 수업 시간에 이야기만 나누다가 끝나요. 진도는 거의 나가지도 못해요." "아, 그래서 요즘 우리 민수 얼굴이 밝아졌나 봐요. 집에서는 말 한마디도 안 해요. 그런데 선생님하고는 말을 하나 봐요? 고마워요. 선생님. 이 녀석 선생님 아니었으면 병원에서 정신과 상담 치료받아야 했을 텐데. 선생님 덕분에 병원 신세 안 지게 됐네요. 괜찮아요. 선생님, 마음 쓰지 마시고 우리 민수 계속 지도해 주세요." 민수 어머님은 오히려 제게 감사하다고 말씀하셨어요. 조급해하지 않고 여유 있게 기다리셨습니다.

하루는 등교 전에 민수가 어머님께 심하게 대들었나 봅니다. 그때 반항하는 아이의 모습이 낯설어서 어머니 스스로 무척 놀라셨대요. '분명 내 속으로 낳은 자식인데, 어쩌면 저렇게 못생겼을까? 내가 이렇게 내 새끼가 밉고 싫은데 밖에 나가면 오죽이나 천덕꾸러기일까? 이대로는 안 되겠다. 내가 어찌 되었든 간에 내 아이를 보듬고 사랑해야지. 민수의 마음이 열릴 때까지 내가 내 마음 전부를 다 퍼주어야지' 그렇게 마음을 다잡으셨답니다. 그리고 늘 하던 대로 매일 아침 일어나 정수 떠 놓고 108배를 변함없이 하고 민수 방을 꾸며 주기 시작하셨대요. 꽃병에 꽃을 꽂아 주고 그 옆에 짧은 편지도 놓아두셨대요.

가끔 편지 옆에는 민수가 어렸을 때 찍었던 사진도 꺼내두셨대요. 그러면서 민수 어머니도 행복하셨답니다. 이 사진은 민수가 유치원 때 소풍 갔던 모습, 이 사진은 민수가 밥 먹다가 울던 모습, 이 사진은 민수 동생이 태어났을 때 민수가 신기해하는 모습 등등. 그리고 아침에 민수를 깨울 때는 발을 주물러 주셨다고 합니다. 다리도 쓰다듬어주고 따스한 음성으로 얘기해 주고요. 민수가 반응하거나 말거나 어머님은 매일매일을 똑같이 반복하셨대요.

고2 때부터 민수가 최선을 다해 공부하기 시작했습니다. 재수하던 민수 형이 원하는 대학에 진학했거든요. 평소에 형을 은근히 무시했는데 형이 노력해서 성적 올리고 대학에 간

것을 보고 민수도 '하면 된다!'라는 생각이 들었나 봅니다. 어느 날 민수 어머니께서 나에게 전화하셨습니다. "선생님, 민수가 EBS 인터넷 강의로 한국사를 듣는데요, 세상에, 모니터에 구멍 나겠어요! 어찌나 눈을 부릅뜨고 보는지. 눈에서 레이저가 나와요." 그 이야기를 듣는 나도 행복했습니다. 무엇인가에 열중하는 모습, 최선을 다하는 모습, 그것보다 더 멋지고 아름다운 것이 있을까요?

우리 민수가 변한 근본적인 이유가 무엇일까요?

첫 번째는 '유대감' 형성입니다. 자신을 천덕꾸러기라고 생각한 민수는 부모의 적극적인 애정 표현으로 충분한 사랑을 느꼈을 겁니다. 끈끈한 유대감이 만들어진 거죠.

두 번째는 '유능감'입니다. 민수는 중학교 때와 다른 동네의 고등학교로 진학했습니다. 새로운 곳에서 각오를 다진 아이는 잘해보겠다는 마음을 먹습니다. 그리고 화려한 언변과 매력으로 친구들의 인기를 얻어 학급 회장이 되었습니다. 자신에게도 능력이 있다는 유능감을 느끼게 된 거죠.

세 번째는 '자율감'입니다. 민수는 왜 공부를 해야 하는지 스스로 그 이유를 찾았고 자발적으로 공부했습니다. 천재 물리학자 아인슈타인을 봐도 학교 성적은 엉망이었습니다. 그러나 스위스 바젤에 간 뒤 좋은 예비학교에서 좋은 교사를 만나 '유대감'을 형성하였습니다. 그리고 그로부터 처음으로 자신의 재능을 인정받으며 '유능감'을 갖게 됩니다. 그는 자신의 가치를 알아봐 주는 사람이 생기면서 비로소 무언가 해보겠다는 의욕에 불타기 시작합니다. '자율감'은 거기서 따라오는 능력이죠. 교육의 진짜 힘은 각자가 지닌 재능을 발굴하고 그것을 잘 할 수 있는 기회와 무대를 마련해주는 데 있습니다.

우리는 '존재'하는 사람이 아니라 '되어'가는 사람입니다. 자신의 가치를 알아봐 주는 사람이 생기면서 비로소 무언가가 '되기' 시작합니다. 존재는 명사입니다. 움직이지 않는 어떤 형태를 말합니다. 하지만 진정한 존재는 동사입니다. 끊임없이 변신을 거듭합니다. 어제보다 나은 나로 변화하고 성장해 나아갑니다.

> 미국의 리처드 라이언 Richard Ryan 교수(미국 로체스터 대학교, 동기 부여 심리학)는 인간에게는 타고난 심리학적 욕구가 세 가지 있다고 말합니다. 우선 인간은 타인과 연결되어 있다는 느낌을 원합니다. 두 번째로 자신에게 능력이 있다고 느끼길 바라며, 세 번째로 자율적인 존재가 되고 싶어 합니다. 요약하자면 인간의 기본 욕구는 유대감, 유능감, 자율감입니다.
>
> _정재영, 이서진, 『말투를 바꿨더니 아이가 공부를 시작합니다』

 고민서 작가의 한 마디

지금 아이가 반항하고 있나요? 사춘기 아이의 이유 없는 반항이라고 치부하지 마세요. 아이와 '유대감'을 형성하고, 아이의 '유능감'을 찾아주고, 그 속에서 '자율적인 존재'가 될 수 있도록 도와주세요.

호들갑
떨지 마세요.

이 세상이 내가 원하는 대로 된다면 얼마나 신이 나는 일일까요? 하지만 세상은 예측할 수 없는 많은 일들이 일어나고 자신이 원하지 않는 방향으로 가기도 합니다.

제 아이도 마찬가지입니다. 제가 철저하게 계획을 세워놓고 끌고 가려고 해도 아이는 제 뜻대로 되지 않습니다. 엄마가 처음인 우리는 아이의 작은 반응 하나하나에 굉장히 크게 반응하고 큰 일이 나는 줄 알고 호들갑을 떨지요. 저 역시 그랬습니다. 돌도 안 된 첫째 아이가 아침에 눈을 뜨면 영어음악을 틀어놓고 잠자리엔 귀에 대고 위인전기를 읽어주고 아장아장 걷기 시작하면 미술관을 끌고 다녔으니, 얼마나 극성맞은 엄마였을까요? 우연히 뽀로로를 한 번 보고 그거 보고 싫다고 틀어달라고 떼를 쓰는 아이에게 책을 읽어줘도 안 보고 피해 다녀 밤새 심각하게 고민을 했던 기억이 있습니다.

그렇게 극성을 떨던 저에게 둘째, 셋째가 생겼고 둘째 아들 하민이는 어릴 때부터 불안감이 심하고 집중을 잘 못 해 속을 썩였습니다. 초등학교 입학부터 학교에 몇 번이나 문제를 일으켜 아이를 붙잡고 운 적도 있었는데, 초등 4학년 때 검사 결과 ADHD 판정을 받았습니다. 내 아이에게 이런 일이 생길 줄 꿈에도 상상하지 못 했었습니다. 더군다나 아기 때부터 불안감이 심한 탓에 더 신경을 많이 쓴 아이였습니다. 그런데 내 아이가 ADHD라니… 처음엔 일이 바빠진 내 탓인가 자책도 했었습니다. 정보를 검색해 보니 선천적인 영향이 크다는 것과 많은 아이들이 성장 과정에서 겪는 병이라는 것도 알게 되었습니다. 그래서 마음을 안정시키고 첫째와 셋째 그리고 모든 가족에게 이 사실을 알리고 그동안 우리가 이해할 수 없는 행동을 보인 것은 하민이 잘못이 아니라 ADHD 때문이라는 것, 그리고 우리가 그것을 이해해 주고 옆에서 도와주자고 이야기를 했습니다. 하민이는 형과 동생에 비해 산만하고 학업 능력도 떨어지는 것에 대해 스트레스를 받고 우울감에 빠질 때도 있었는데, 오히려 ADHD 판정을 받고 가족들에게 "그동안 네 잘못이 아니었구나, 앞으로 우리가 도와줄게"란 말들에 위안을 얻을 수 있었습니다.

엄마로서 뭘 어떻게 해 줘야 할 지 ADHD에 대해 알아보고 공부를 해 보았습니다. 아이에 대한 이해가 먼저 필요하다 판단이 들어 아동심리상담, 아동심리분석, 분노조절지도, 독서심리상담까지 공부를 하며 자격증까지 취득하게 되었죠. 조금 자신감이 생겨서 하민이에게 "엄마랑 같이 책 읽고 이야기 나눠보는 것 어때?"라고 제안을 했습니다. 그 날부터 우리는 주 1회씩 읽은 책에 대해 토론을 하기 시작했습니다. 인문학과 철학책을 주로 읽고 이야기를 나눴는데 첫째와 셋째도 덩달아 같이 협조해주면서 정말 우리 가족한테는 뜻깊은 시간이 되었습니다. 더불어 하민이의 자존감도 높아지고 집중력도 좋아져 그동안 손 놓고 있던 수학 공부를 스스로 하루 6~7시간씩 하며 따라잡았습니다. 그리고 열심히 한 덕분에 단위 영재학급에도 합격하고 5,6학년 때는 학급 임원선거에도 나갈 수 있었습니다. 혼자 힘으로 선거문을 작성하고 발표까지 잘해내어 임원에도 당선이 되었습니다. 읽었던 인문, 철학책을 발췌해 발표를 했는데 아이들이 감동받아 울 뻔했다고 담임선생님한테서 전화도 받았습니다. ADHD라는 병도 가족들의 긍정적인 힘과 관심으로 극복해낼 수 있었습니다.

우리 하민이가 ADHD 판정을 받았을 때입니다. 이 소식을 들은 엄마는 속상해서 울었고, 저는 엄마한테 반드시 괜찮아질 거라고 오히려 잘됐다고 말했었습니다. 반드시 좋아질 것이라고 믿었고 노력했고 우리는 해냈습니다. 자신감이 많이 떨어진 하민이에게 제가 자주 해주던 말이 있습니다. "하민아, 말에는 힘이 있어. 내가 말하는 대로, 생각하는 대로 이루어진다. 엄마가 증명하고 있잖아?" 하민이는 하나씩 차근차근 본인이 생각한대로 이루어내는 것을 느끼면서 더 많이 성장했습니다. 내 인생은 내가 주도적으로 생각하여 만들어가고 완성되는 것이지, 절대 내 인생을 남이 좌지우지하거나 살아지는 대로 사는 것이 아닙니다. 늘 주도적으로 자신의 인생을 설계하고 계획하여 내가 원하는 대로 살아가는 것임을 부모인 우리가 몸소 실천하여 보여주며 살면 됩니다.

> 사람은 일어나는 일 때문에 상처를 받는 것이 아니라 일어난 일에 대한 자신의 생각 때문에 상처를 받는다.
> _미하이 칙센트미하이, 『몰입 flow : 미치도록 행복한 나를 만나다』

하민이의 불안감 그리고 그로 인해 생기는 스트레스는 인문, 철학책 속에 나오는 '나'에 관해 생각할 수 있는 문장을 많이 읽고 깨우치면서 극복을 했습니다. 불안한 생각과 그것이 감정을 나쁘게 만드는 것이 스트레스이며, '스트레스'라는 말은 사람이 만들어 낸 것입니다. 즉, 스트레스는 사람이 만들어내는 감정이고 정의내린 것입니다. 세상에 스트레스가 존재하는 것이 아닙니다. 내가 스트레스를 받는다고 생각하면 그것이 스트레스가 되는 것이고, 내가 별 일 아니라고 생각하면 그것은 더 이상 별 일 아닌 것이 됩니다. 일이 스트레스를 가져오는 것이 아니라, 사고방식이 스트레스를 가져오는 것입니다. 그리고 아프고 힘들어야 성장할 수 있습니다. 힘든 일을 이겨내는 과정을 겪으면서 어른이 되어갑니다. 우리 아이들과 저는 그래서 무언가 힘든 일이 있거나 스트레스가 오면 이렇게 말합니다. "뭔가 좋은 일이 기다리고 있어서 지금 이렇게 힘든 거겠지? 기대된다!" 정말 조금만 지나가도 다 해결이 되어 있고 별 일이 아닙니다. 이 세상을 살아가는데 별 일인 것은 없습니다. 세상에 못 이겨낼 일은 없습니다. 우리는 힘든 일을 겪고 나면 "이것 봐! 안 좋았던 시간이 있었기에 지금 이렇게 행복함을 느낄 수 있는 거야!"라고 말합니다.

중국에 이런 속담이 있습니다. '1년 앞을 생각한다면 씨를 뿌려라. 10년 앞을 생각한다면 나무를 심어라. 100년 앞을 생각한다면 사람을 길러라.' 모든 아이는 마음껏 능력을 발휘하는 무한계 인간으로 성장할 수 있습니다. 이런 능력을 마음껏 발휘하게 하려면 아이가 실패하고 실수하더라도 그것을 하나의 과정으로 존중해주고 지켜봐 주어야 하는 것이 부모의 역할입니다. 부모에게 또는 다른 사람에게 잘 보일 필요도 없습니다. 아이가 자신의 삶의 주체가 되어 인생을 살아가고 자신이 사는 인생을 되돌아보며 스스로 만족감을 느끼는 것이지, 누군가에게 인정받고 칭찬받기 위해 사는 인생이 아닙니다. 엄마에게 칭찬받기 위해, 엄마를 기쁘게 하기 위해 인생을 살게 하지 않았으면 좋겠습니다. 아이 스스로가 만족하고 성취감을 느끼며 자신의 생각과 선택에 집중하며 살기를 바랍니다. 그러려면 반드시 아이의 생각과 선택을 존중해주어야 합니다. 내 아이가 힘들어 할까봐, 실수나 실패를 할까봐 부모가 미리 나서서 아이의 선택에 깊이 관여한다면 아이는 실패의 쓴 맛도, 성공의 달콤함도 맛보지 못 할 것입니다. 인생을 살아가는 과정 자체를 즐길 수 있도록 도와주어야 합니다.

누구든 미래는 생각의 결과를 양식으로 살아가게 됩니다. 결국 내 생각대로 내 의지대로 내 감정과 인생을 만들어가는 것입니다. 인생에 끌려갈 것인가? 인생을 내 맘대로 끌고 갈 것인가? 내 아이는 어떻게 키울 것인가? 고민이 되는가? 고민할 것이 아니라 선택해야 할 문제입니다.

📖 임현정 작가의 한 마디

> 아이를 키우는 과정에서 별 일이란 것은 없습니다. 아이가 자라나가는 과정, 우리가 살아가는 삶의 과정에서 일어나는 사건에 호들갑 떨 필요 없습니다. 담담하게 커가는 과정이라 생각하고 응원해 주세요! 아이는 내가 믿어만 준다면 내가 원하는 것보다 훨씬 크게 성장할 것입니다.

실수는 괜찮아요.
하지만 신뢰는 잃지 마세요.

아이는 부모의 모습을 그대로 배웁니다. 만약 부모가 아이에게 했던 말과 다르게 행동한다면, 아이는 부모의 가르침에 대해 귀담아 들을 수 있을까요? "엄마는 자기가 얘기한 것도 지키지도 않네."와 같이 엄마에 대한 불신이 발생할 겁니다. 그리고 말과 행동이 다른 상황이 계속된다면, 아이는 부모를 신뢰하지 않게 될 것입니다. 아빠, 엄마의 어떤 말과 행동도 다 거짓이라 생각하게 되는 것이지요. 부모와 자녀 간의 신뢰 관계는 무엇보다 중요합니다. 따라서 평소 무심결에 사용한 말과 행동에 대해 되돌아 볼 필요가 있습니다.

한 어머니와 중학교 2학생 딸과의 상담 중 딸이 친구에 대해 좋지 않은 말을 반복적으로 하는 상황이 발생했습니다.

그러자 어머니께서 다른 사람을 뒤에서 욕하는 것은 좋지 않다며 훈계를 내리자 자녀는 다음과 같이 말을 합니다.

"엄마도 다른 사람 욕하잖아요."
"내가 언제 그랬니?"
"다른 엄마들하고 대화할 때, 자주 그러면서…"
"그건 욕이 아니야. 네가 잘 못 들은 거야."
"아닌데, 아! 됐어요."

어머니 말씀대로 아이가 오해할 수도 있습니다. 하지만 위 사례의 경우 상담을 통해 자세한 상황을 들어보니, 어머니께서 자신도 모르게 말실수를 했던 경우입니다. 우리가 주의해야 할 것 중 하나가 '앞에서 할 수 없는 말은 뒤에서 하지 않는 것'입니다. 직접 확인하지 않은 타인을 통해 들은 부정적인 얘기는 또 다른 타인에게 전달해서는 안 됩니다. 타인에 대해 험담을 자주하는 사람에 대해 좋게 생각할 사람은 없으니까요.

물론 대화 중 자신도 모르게 실수할 수 있습니다. 저도 제가 평소 했던 말과 다르게 말을 한 적이 있었는데요. 소통법 강의를 하며 "결과보다는 과정을 더 칭찬해주세요."라고 하면서, 저도 모르게 "100점 나왔네, 대단한데!"라고 결과 중심적인 말을 했던 겁니다. 그래서 바로 "100점이 나오기까지 정말 열심히 노력했구나."라며 과정에 대한 칭찬을 이어서 전달했던 경험이 있습니다. 결과를 칭찬해주면 결과가 잘 안 나왔을 때 바보라고 얘기 하는 것과 같기 때문인데요. 100점 그 결과 자체에 대해서만 칭찬해 주면, 95점 받았을 때 바보라고 생각할 수 있는 겁니다. 그래서 성장하는 과정을 가치 있게 생각할 수 있도록 과정을 칭찬하는 것이 바람직합니다.

"우리 아들 참 능력 있네, 천재야."라는 결과 지향적인 말보다는 "우리 아들 생각하는 방식이 창의적이네, 차분히 앉아서 노력하는 구나. 배우려는 의지가 있네."와 같이 과정을 중요시 하는 말이 좋다는 것이지요. 그래서 이때의 실수 이후로는 평소 제가 한 말과 다른 모습을 보이지 않기 위해 더욱더 주의를 기울이며 행동하고자 노력하고 있습니다. 왜냐하면 아이들과의 관계에서 무엇보다 신뢰가 중요하기 때문입니다.

증자(曾子)의 아내는 시장에 가려는데 아들이 따라 나오며 울자 이렇게 말했다. "넌 집으로 돌아가거라. 내가 시장 갔다가 와서 돼지를 삶아 주마." 아이의 어머니는 아이를 간신히 달래고 시장으로 갔다. 얼마 후, 시장에서 돌아와 보니 남편인 증자가 돼지를 잡으려 하고 있었다. 아내가 말리며 이렇게 말했다. "그저 아이를 달래려고 한 말인데, 정말 돼지를 잡으시면 어쩝니까?" 증자가 말했다. "아무리 어린아이라지만, 거짓말을 해서는 안 되오. 아이는 지식이 없으니 부모를 흉내내고 배우기 마련인데, 당신이 어머니로서 아들을 속이고 그래서 결국 아들이 어머니를 믿지 않게 되면 앞으로 어떻게 교육을 시킬 수 있단 말이오?" 그러고는 돼지를 잡고 삶았다.
_임재성, 『동양의 마키아벨리 한비자 리더십 중 한비자 32편 외저설좌상』

자녀와의 신뢰관계를 갖기 위해서는 어떻게 해야 할까요? 무엇보다 실수를 인정할 수 있어야 합니다. 부모는 실수를 하면 안 된다는 강박관념을 버릴 필요가 있습니다. 실수를 인정하지 않기 위해 거짓말을 하는 순간, 돌이킬 수 없는 상황으로 이어질 수 있습니다. 거짓말은 또 다른 거짓말로 이어지기 때문인데요. 이런 상황까지 가게 되면 아이는 정말 부모가 하는 어떠한 말도 믿지 않게 되며, 자녀 교육은 실패할 수밖에 없게 되는 것입니다. 혹시라도 아이들에게 실수한 적이 있다면, 지금이라도 잘못을 인정하는 것이 좋습니다. 어릴 적 부모에게 받은 상처는 오랜 시간이 지나도 잘 잊혀 지지 않는 경우가 많기 때문입니다.

"엄마가 지난번에는 실수했어. 엄마 친구들과 다른 사람 험담을 하면서, 딸에게 친구들 욕하지 말라고 한 것은 잘 못한 게 맞아. 미안해. 앞으로는 엄마도 주의할 게." 이와 같이 얘기한다면 아이들은 올바른 판단과 행동이 무엇인지 알게 됩니다. 그리고 실수를 한 엄마에 대해 잠시 원망을 할 수 있지만, 잘못된 부분을 인정하고 고쳐나가려는 모습을 존경하게 될 겁니다. 그러니, 거짓말로 그 순간을 모면하려고 하지 마세요. 거짓이 반복되면 최악의 상황이 발생할 수 있으니까요.

아이를 사랑하고 걱정하는 부모의 마음이 모두 사랑하는 말로 이어지는 것은 아닙니다. 오히려 애틋한 마음과 달리 말로 상처를 줄 때가 많아요. 적절한 말로 마음을 전하는 데 서툴기 때문입니다. 부모에게 그리고 지속적으로 자신을 되돌아보고 성장하기 위해 노력해야 합니다. 우리 모두는 이번 생에 처음인 역할을 하고 있습니다. 그렇기 때문에 부족함을 보이는 것은 자연스러운 모습일 겁니다. 아직 서툴고 그래서 때로는 실수를 하지만, 그럼에도 조금 더 나은 사람이 되기 위해 노력하는 모습이 중요하지 않을까요?

"아빠는 이런 부분이 익숙하지 않아 실수도 하지만, 계속 노력하면 잘 할 수 있을 거라 생각해. 그러니 우리 아들도 실수했다고 포기하지 말고, 좋아하는 일이면 끝까지 해보는 거야."라고 부모로서 솔선수범하는 겁니다. 옳은 것을 먼저 보여주고 성장하기 위해 끊임없이 노력하는 모습은 아이들에게 믿음이 가는 아빠, 엄마로 인식될 겁니다.

 홍재기 작가의 한 마디

아이와의 신뢰 관계는 무엇보다 중요합니다. 거짓말하는 부모라는 인식이 생기면 아이들은 더 이상 부모의 말을 듣지 않기 때문입니다. 솔선수범하는 모습을 보여주세요. 그리고 실수를 했다면, 거짓말로 잘못을 덮으려고 해서는 안 됩니다. 실수를 바로 인정하고 개선하기 위한 모습을 보여주세요. 이런 부모의 모습을 통해 아이들도 함께 성장할 겁니다.

PART
III

자녀의 자존감을
높이는 소통법

아이는 늘 부모에게 마음속으로
이렇게 속삭이고 있다는 것을 기억하세요.

'저를 당신들의 가장 소중한 존재로
인정해주시고 표현해 주세요.'

아이의 자존감은 아이가 혼자 만드는 것이 아니라
부모와의 긍정적 관계 속에서 형성될 수 있습니다.

아이의
자존감

오랜 시간 학원을 운영하며, 다양한 성격을 가진 학부모와 학생들을 상담해왔습니다. 그래서 대화를 하다보면 부모와 아이의 관계를 어느 정도 짐작할 수 있습니다. 어느 겨울 방학이 끝나갈 즈음, 고1을 마친 한 여학생이 엄마와 함께 학원으로 입학 상담을 하러 왔습니다. 아이의 성적은 아주 좋지 않았고 어머니는 현재 아이의 성적조차 전혀 알지 못했습니다. 일반적으로는 어머니와 학생을 함께 상담하지만, 이번의 경우는 아이와 따로 상담을 하게 되었습니다. 그 이유는 학부모께서는 아이에게 화가 나있는 것처럼 보였고 학생과 어머니의 관계가 다소 불편해 보였기 때문입니다. 이럴 경우에 함께 상담을 하면 진심으로 얘기하지 않거나 서로 비난하는 말들을 할 가능성이 높습니다. 제대로 상담이 이뤄지지 않는 경우가 많아, 결국 따로 상담을 하게 되는 것이죠.

　지금까지 성적 관리가 되지 않았거나 학습에 대한 의욕이 없었던 학생이 학원을 다니려고 할 때는 학생의 동기가 매우 중요합니다. 저는 그 학생에게 왜 학원을 다니려고 하는지 이유를 물었습니다. 처음에는 심드렁한 표정으로 "엄마, 아빠가 대학은 가야 하지 않겠냐고 하셔서 그냥 따라 왔어요."라고 대답했습니다. 그러나 제눈에는 마지못해 어머니를 따라온 아이처럼은 보이지 않았습니다. 보통 고1의 성적이 낮은 학생들은 부모 강요에 의해 학원에 왔을 때 3개월을 넘기기가 어렵습니다. 그래서 처음 상담할 때 아이의 내적 동기를 찾게 하여 본인이 그것을 스스로에게 인식시키게 하는 것이 매우 중요합니다. 그래야 아이가 공부하는 과정에서 흔들리고 방황할 때, 처음 가졌던 의지를 상기시켜줌으로써 마음을 다잡게 할 수 있기 때문입니다.

　분명 이 아이도 공부하기로 결심한 계기가 있을 것이라고 믿었습니다. 그래서 저는 꿈이 있느냐는 두 번째 질문을 했습니다. 아이는 수줍게 "유치원 선생님이나 심리상담사가 되고 싶어요."라고 대답했습니다. 전 가만히 그 학생을 바라보면서 "넌 마음이 참 따뜻하구나. 유치원 선생님이나 심리상담은 다른 사람에 대한 이해와 사랑이 없으면 하기 힘든 일인데 그걸 하고 싶다는 건 사람들에 대한 애정이 많다는 건데."라고 대답하자 놀랍게도 그 학생은 자신의 얘기들을 하기 시작했습니다. 중학교에 입학한 후 사춘기를 겪으면서 친구들과 노는 시간이 많아졌고 공부를 소홀히 하자 아버지와 급속도로 사이가 안 좋아졌다고 했습니다. 그 이후로 아버지는 아이에게 상처 되는 말들을 하셨고, 아이는 마음에 상처를 받으며 반항심은 더 커져갔다고 했습니다. 아이의 미숙했던 행동들로 인하여 아버지께서는 많은 실망을 하셨고 그 감정들을 부정적으로 표현하고 계신 것 같았습니다. 눈물을 흘리면서 자신은 정말 부모에게 쓸모없는 존재인 것 같아서 가출한 적도 있다고 하였습니다. 지금까지의 상황들이 아이의 자존감에 얼마나 많은 영향을 끼쳤을 지를 생각해보니, 정말 안타까움을 느끼지 않을 수가 없었습니다.

그리고 아이는 왜 학원을 다니고자 했는지 그 이유를 설명해주었습니다. 어느 날 부모님께서 자신에게 대학과 공부에 대한 얘기를 하셨을 때 그것을 기회로 성실한 자신의 모습을 보여주며 부모님께 인정받아야겠다는 생각을 가졌던 겁니다. 자신의 속마음을 털어놓고 그 이야기를 귀담아 듣는 어른이 생겨 공부를 해야겠다는 의지가 생겼을까요? 학원을 다니면서 아이는 변화된 모습을 보여주었습니다. 8~9등급이었던 성적이 4~5등급으로 향상되었을 뿐만 아니라 노력하는 아이의 모습을 아버지, 어머니께서도 인정해주셨기에 아이는 점차 안정된 모습을 찾아갔습니다. 특히 저는 아이가 부모에게 인정받고 싶은 마음이 크다는 걸 알고 있었기에 주기적으로 변화되는 학생의 모습을 문자로 알려드렸습니다. 아이가 가진 장점과 노력에 대한 구체적인 칭찬을 아끼지 않았습니다. 학교 선생님들도 학생의 달라진 모습을 칭찬하고 인정해주자 아이의 학교 생활도 활기차게 변화해갔습니다.

아이들은 세상에 태어나서 가족이라는 울타리 안에서 자신의 정체성을 형성해 나갑니다. 자아 정체성이란 자신이 생각하는 스스로의 모습과 다른 사람의 말과 행동에서 평가되는 자신의 모습이 거울처럼 비추어져 함께 융합되어 형성되어 갑니다. 특히 가정에서 내가 생각하는 자신과, 부모가 평가하고 표현해주는 자신의 모습이 자아 정체성을 형성해 가는데 중요한 역할을 합니다. 부모의 부정적인 평가가 많다면, 단점이 많은 부정적인 자아의 이미지가 커집니다. 이것은 아이를 소극적으로 만들고 자존감을 낮아지게 만듭니다. 반대로 부모의 긍정적인 평가가 지속적으로 표현된다면 자신의 장점을 더 선명하게 인식하게 될 것입니다. 그래서 자존감이 높아지게 되고 좀 더 자신의 의견을 당당하게 표출하게 되는 것이죠. 또한 어떤 일이든 적극적으로 참여하는 모습을 볼 수 있습니다.

사람은 태어나서 가족 이외에 또래집단 등 여러 사람들과 관계를 맺으며 성격과 인격이 형성되게 됩니다. 정신과 의사나 심리상담사의 견해에 따르면 심리 상담을 하며 상처받은 성인들을 상담할 때에 필수적으로 묻는 것이 부모와의 관계라고 합니다. 우리는 살아가면서 많은 사람들과의 관계 속에 삶을 채워나가지만 평생 가장 큰 영향을 미치는 것은 역시 부모와의 관계이기 때문입니다. 부모가 자신을 인정해 주지 않고 무시한다는 생각 속에 갇히면 타인과의 긍정적 관계를 맺기가 매우 힘들게 됩니다. 항상 아이의 마음속에서는 '엄마, 아빠조차 나를 싫어하는데 누가 나를 진심으로 좋아하겠어?'라는 마음의 족쇄를 달고 살기 때문입니다. 그리고 자신에 대한 부정적인 이미지가 쌓여갈 수록 자존감 또한 낮아지는 것이죠.

어느 한 60대 노교수의 일화가 기억에 남습니다. 이 노교수는 학창시절 늘 전교 1등을 놓치지 않았고 서울대를 졸업해서 미국 유명 대학의 석·박사 과정을 마치고 교수가 된 분이었습니다. 주변에서 부러움을 받을만한 경력을 가지고 있었죠. 그런데 그는 자신의 어머니가 돌아가셨을 때 눈물을 흘리면서 "저는 평생을 살아오면서 어머니에게서 한 번도 '잘했다'라는 칭찬과 인정을 받아 본 적이 없습니다. 늘 제게 부족한 것을 지적만 하셨습니다. 제 평생의 소원이 어머니께서 '잘했다'라는 말로 인정받는 것이었는데 이젠 이룰 수 없는 꿈이 되었습니다."라고 얘기하셨습니다.

그렇게 똑똑한 아들을 둔 어머니는 왜 그랬을까요?

아마도 칭찬을 하지 않은 이유는 아들이 자만하지 않도록 하기 위해서였거나, 자신의 기준에 도달하지 못했기 때문이겠지요. 하지만 그것이 60이 된 아들에게 평생의 상처로 남을 수 있다는 것을 그 어머니는 아셨을까요?

모든 자녀는 부모에게 소중한 존재로 인정받기를 원합니다.

만약 여러분에게 100억과 아이를 바꾸자고 하면 어떻게 하시겠습니까?

당연하게도 100억이 아닌 1,000억을 준다고 해도 아이와 바꿀 수는 없습니다.

무엇과도 바꿀 수 없는 소중한 존재이기 때문입니다. 그런데 우리는 때때로 그 사실을 잊고, 아이를 노예처럼 대하고 강압적으로 지시하며 정제되지 않는 감정의 말들을 쏟아 냅니다. 만약 회사에서 잘못했을 때 윗사람이 자신의 아이를 혼내듯이 그런 말들을 쏟아낸다면 어떤 기분이 들까요? 아니면 다른 사람이 내 아이에게 내가 한 말들과 행동으로 내 아이를 혼내는 모습을 보면 어떻게 하시겠습니까? 당장 멱살이라도 잡겠지요. 아이를 혼내야 하는 상황이 된다면 아무리 분노가 끓어오르더라도 그 마음을 다스려야 보다 긍정적인 효과를 기대할 수 있습니다.

분노에 찬 부모를 보면 아이는 겁을 먹게 되어서 상황을 모면하기 위한 거짓말과 변명을 할 수밖에 없습니다. 그런 모습에 부모는 더 화가 나는 악순환만이 반복될 뿐입니다. 아이를 키우다 보면 당연히 화가 나거나 격한 감정을 느낄 때가 있습니다. 저 또한 그랬으니까요. 하지만 그것을 그대로 표현하고 나면 아이에 대한 교육이기보다 저의 분풀이를 한 것이 아닌가란 후회와 자책을 하는 경우가 많았습니다.

현명한 부모가 되고자 한다면 그 감정을 즉각적으로 표현하지 말아야 합니다.

잠시라도 시간을 가고 감정이 식기를 기다리거나, 차라리 나가서 산책을 하며 마음을 다스려야 합니다. 분노에 찬 부모의 고함과 폭언은 바람직한 교육이 될 수 없다는 것을 우리는 잘 알고 있습니다. 그러한 행동이 아이의 자존감을 무너뜨리는 폭력이고 상처라는 것을 기억해야 할 것입니다. 그런 상황으로 인해 아이가 가지게 되는 참담한 마음을 헤아린다면, 더 이상 같은 실수를 반복하지 않게 될 것입니다.

모든 부모는 연습 없이 부모가 됩니다. 그래서 때로는 실수와 후회를 할 수도 있습니다. 하지만 똑같은 실수를 계속 되풀이해서는 안 될 것입니다. 그렇기 때문에 더더욱 부모로서 아이를 양육하는 방법에 대해 깊이 성찰하고 신중하게 행동해야 합니다. 우리는 훈육이라는 이름으로 아이의 자존감을 계속해서 깎아내리는 건 아닌지 스스로 돌아볼 필요가 있습니다.

우리들의 아이는 자신만의 빛과 색을 가진 하나뿐인 소중한 존재입니다. 부모의 역할은 아이 스스로가 자신의 빛과 색의 가치를 느끼며 당당할 수 있는 사람으로 키워내는 것입니다. 그걸 위해서 아이를 존재 자체로서 인정하고 응원해 주는 게 필요합니다.

> "어떤 상황에서도 부모에게 가장 소중한 존재이고 싶은 것이 아이의 본능입니다."
>
> _오은영, 『오은영의 화해』

아이는 늘 부모에게 마음속으로 이렇게 속삭이고 있다는 것을 기억하세요.

'저를 당신들의 가장 소중한 존재로 인정해주시고 표현해주세요.'

아이의 자존감은 아이가 혼자 만드는 것이 아니라 부모와의 긍정적 관계 속에서 형성될 수 있습니다.

 김미란 작가의 한 마디

아이들이 가진 감성과 행동들을 잘 관찰하고 그것들을 구체적으로 칭찬하고 인정해주세요.
아이 존재 자체로서 소중한 존재임을 표현해 주세요.
아이를 혼내야 하는 상황이라면 분노를 제거하고
차분히 아이의 잘못만을 지적해주려고 노력해야 합니다.
아이의 잘못을 확대시켜서 '못난 놈', '나쁜 놈'이라는 프레임을 씌워서는 안 됩니다.
이러한 낙인은 아이의 자존감에 심각한 상처로 남을 수 있기 때문입니다.

택배 왔습니다!

"열려라 참깨!"

어떤 한 사람이 돌문을 열려고 주문을 외쳤습니다.

하지만 돌문을 굳게 닫혀 있고 아무런 움직임도 없습니다.

그래서 다시 "열려라 참숯!"하고 외쳤습니다.

또 여전히 미동조차 있지 않습니다.

"열려라 참기름!", "열려라 참치!"

모든 주문을 총동원해 외쳐보았지만 돌문은 꼼짝도 하지 않습니다.

그렇다면, 뭐라고 해야 문은 열릴까요?

정답은 "택배 왔습니다!"입니다.

집에 있을 때, 제일 기다려지는 반가운 소리일 겁니다.

우리 아이의 마음도 비슷할 겁니다. "택배 왔습니다."와 같이 듣고 싶어 하는 말을 했을 때, 비로소 반응이 오는 것이죠. 오히려 돌문보다 아이들의 마음을 열기가 더 어려울지도 모릅니다. 자녀가 원하는 언어로 접근해야 간신히 반응이 올 수 있는 것입니다. 그러니 부모의 언어가 아닌 아이의 언어로 잘 두드리는 노력이 필요할 것입니다.

> 적성과 창의성이 중시되는 시대를 맞아 젊은 부모들에게 중요한 것은 그저 아이가 자기가 진짜 좋아하는 일을 찾아낼 때까지 아이의 작은 몸짓, 작은 소리에도 귀를 기울이는 자세가 아닐까. '내 뜻대로'라 아니라 '아이 뜻대로' 사는 모습을 보려면 무엇보다 부모들의 '참을성'이 필요하다.
>
> _박혜란, 『믿는 만큼 자라는 아이들』

아이가 선호하는 언어를 알기 위해서는 아이의 성향을 아는 것이 좋습니다. 선천적인 선호 경향이 무엇인지를 알면, 어떠한 소통방식을 좋아하는지 알 수 있기 때문입니다. 성격 유형을 파악하는 검사 도구 중 가장 대표적인 것이 MBTI 검사입니다. 유형별로 가장 효율적으로 능력 발휘할 수 있는 방법을 이해하고 활용할 수 있는데요. 그렇기 때문에 우리 아이의 성격유형을 이해한다면, 아이와 좋은 관계를 유지하고 원만한 의사소통 할 수 있을 겁니다.

하지만 성격유형을 알기 전에 유의해야 할 점이 있습니다. MBTI 성격유형 검사는 만병통치약이 아니라는 것입니다. 최근 MBTI 성격유형을 많은 사람들이 유용하게 사용하다보니, 검사 결과에 대해 맹신하는 경우를 보기도 합니다. 또한 일부 기업에서도 채용 시 MBTI 성격유형 검사를 필수로 실시하며, 특정 성향을 채용하는 경우도 있다고 합니다. MBTI 성격유형으로 채용 여부를 판단해도 괜찮을까요? 우리 모두는 각자 자신만의 특징을 가지고 있다고 하는데, 16가지 성격유형으로 특징을 살펴보는 것이 의미 있을까요? MBTI 전문가로서 강의와 상담을 하다보면, 성격유형 검사의 한계와 유용성에 대해 많은 질문을 받고 있습니다. 결론을 말씀드리면, 몸에 좋은 것도 지나치면 독이 될 수 있는 것과 같을 것입니다. MBTI 검사는 옳고 그른지를 판단하는 진단검사가 아닌, 선호도 검사입니다. 그렇기 때문에 얼마든지 검사자의 의지에 따라 다른 유형의 결과가 나올 수 있습니다. 그리고 굉장히 강한 의지로 무의식까지 스스로 원하는 방향대로 변화시킬 수 있다면, 타고난 성향은 큰 의미가 없어지기도 합니다. 즉 타고난 성향을 가지고 있지만 환경에 의해 다른 모습으로 보여질 수 있다는 것입니다. 따라서 성격유형 결과 자체만을 가지고 자녀의 모습을 확정하려고 해서는 안 된다는 것입니다. 다만 오랜 연구와 실제 사용을 통해 검증된 16가지 유형의 특징을 참고한다면 자녀를 알아 가는데 유용한 도구로 사용할 수 있을 겁니다.

MBTI 성격유형에 과몰입 하지 않고 적절하게 참고할 준비
가 되셨다면, 아래 16가지 성격유형의 특징이 나와 있는 그림
을 살펴봐주세요.

ISTJ (세상의 소금형) 한번 시작한 일은 끝까지 해내는 사람들 #인내력 #시계	ISFJ (참모형) 성실하고 온화하며 협조를 잘하는 사람들 #보살핌 #서포터	INFJ (예언자형) 사람과 관련된 것에 통찰력이 뛰어난 사람들 #직관력 #속을 알 수 없음	INTJ (과학자형) 전체적으로 조합하여 비전을 제시하는 사람들 #논리 #분석
ISTP (백과사전형) 논리적이고 뛰어난 상황 적응력을 자기고 있는 사람들 #효율성 #임기응변	ISFP (성인군자형) 따뜻한 감성을 가지고 있는 겸손한 사람들 #유유자적 예술가 #말싸움 ↓	INFP (창조적인 예술가형) 이상적인 세상을 만들어가는 사람들 #의미 추구 #조용한 열정	INTP (아이디어뱅크형) 비형식적인 관점을 가지고 있는 뛰어난 전략가들 #팩폭전문가 #타인 피해 ↓
ESTP (수완좋은 활동가형) 친구, 운동, 음식 등 다양한 활동을 선호하는 사람들 #에너자이저 #적응력	ESFP (사교적인 유형) 분위기를 고조시키는 우호적인 사람들 #이벤트 #고민 3초	ENFP (스파크형) 열정적으로 관계를 만드는 사람들 #호기심 #반복과 지루함 X	ENTP (발명가형) 풍부한 상상력을 가지고 새로운 것에 도전하는 사람들 #말싸움 ↑ #자유로운 영혼
ESTJ (사업가형) 사무적, 실용성, 현실적으로 일을 많이 하는 사람들 #애매모호함 X #뒤끝 X	ESFJ (친선도모형) 친절과 현실감을 바탕으로 타인의 마음에 공감하는 사람들 #리액션 #봉사	ENFJ (언변능숙형) 타인의 성장을 도모하고 협동하는 사람들 #언어의 마술사 #인기 ↑	ENTJ (지도자형) 비전을 가지고 사람들을 활력적으로 이끌어가는 사람들 #감성 팔이 X #공포의 불도저

MBTI 16가지 성격유형의 특징 (출처 : 한국MBTI 연구소)

위 그림에 나와 있는 성격유형 별 핵심 특징을 참고하시면
서 어떻게 하면 조금 더 효율적으로 아이와 대화할 수 있는지
에 대해 살펴보겠습니다. 각 유형에는 1차적으로 사용하는 주

기능이 있으며, 주기능에 따라 선호 언어는 다릅니다. 주기능은 감각(S), 직관(N), 사고(T), 감정(F) 등 4가지로 구분하여 살펴볼 수 있습니다.

첫 번째로 주기능이 감각(S)에 해당하는 성격유형은 ISTJ, ESTP, ISFJ, ESFP입니다. 이 유형들은 사실에 주목하는 경향을 가지고 있습니다. 따라서 구체적으로 설명해줘야 이해하기 쉽습니다. 학습하기 이전에 무엇을 해야 하는지 정확히 알기를 원하며, 가치 있는 사실과 기술적인 것을 선호하는 편입니다. 따라서 실제적인 언어로 세부 사항을 설명한다면 효과적으로 소통이 이뤄질 겁니다.

두 번째로 주기능이 직관(N)에 해당하는 성격유형은 INFJ, ENFP, INTJ, ENTP입니다. 이 유형들은 큰 그림에 주목하며 미래에 대한 이야기로 접근하는 것이 좋습니다. 지금 눈앞에 보이는 사실과 사건보다 그 이면에 보이지 않는 것에 초점을 두고 있습니다. 따라서 아이들이 스스로 선택하고 새로운 자료들로 옮겨가는 것을 허용해주는 것이 효과적입니다. 따분한 걸 싫어하기 때문에 자기주도적으로 새로운 것을 찾게 하는 것이 효과적입니다. 따라서 자녀의 독창성을 인정해주며 가능성에 대한 이야기를 나눈다면 조금 더 원활한 소통이 이뤄질 겁니다.

세 번째로 주기능이 사고(T)에 해당하는 성격유형은 ISTP, ESTJ, INTP, ENTJ입니다. 논리를 적용하는 것을 좋아하며 결과 중심적인 대화가 이뤄지는 경향이 있습니다. 논리적으로 구성된 주제와 자료 그리고 조직화된 교실에서 학습 효과를 기대할 수 있습니다. 따라서 감수성이 풍부한 대화보다는 머리로 이해할 수 있는 상황을 만들어 주는 것을 선호할 겁니다.

네 번째로 주기능이 감정(F)에 해당하는 성격유형은 ISFP, ESFJ, INFP, ENFJ입니다. 다정다감하게 대화하는 것을 선호합니다. 사람과의 조화와 배려를 중시하는 주제에 관심이 많으며 따뜻하고 우호적인 환경에서 학습하기를 원합니다. 따라서 칭찬과 지지를 수시로 표현하고 공감대가 잘 형성된다면 친밀한 대화가 이뤄질 수 있을 겁니다.

아이의 언어로 접근한다는 것은 결코 쉬운 일이 아닐 겁니다. 그래서 인내가 필요합니다. 아이들은 자신만의 색깔을 가지고 있습니다. 부모는 그 색을 더 뚜렷하게 만드는데 도움을 주는 역할을 하는 것입니다. 부모가 원하는 색이 아닌 자녀가 가진 색을 더 선명하게 만드는 것이지요. 그렇기 때문에 아이의 색깔을 인정해야 하는 것이고, 아이의 언어로 접근해야 합니다. 행복한 인재가 되기 원하신다면, 무엇을 원하는지 귀기울이고 그 언어로 잘 두드리세요.

 홍재기 작가의 한 마디

부모의 잣대가 아닌 자녀를 있는 그대로 볼 수 있어야 합니다. MBTI 정식검사 등 객관적인 도구를 통해 자녀를 이해하는 것도 좋은 방법입니다. 자녀가 선호하는 언어로 다가가세요. 시간이 조금 걸릴 수도 있지만, 계속 아이의 언어로 두드리다보면 마음의 문이 열릴 겁니다.

가정에서 받는 유산
'자존감'

흔히들 자존감이 높아야 한다고 합니다. 자존감이 높은 아이가 공부를 잘하고, 자존감이 높은 사람이 성공할 수 있다고 합니다. 이 쯤 되면 자존감이란 것은 성공하기 위해서는 반드시 가져야 할 덕목인가 봅니다. 자존감을 키우기 위해 많은 학부모들이 자존감 키우는 방법이 적힌 책을 읽어 보기도 하고 관련 강연을 듣기도 합니다.

그렇다면 자존감을 키우기 위해 가장 중요한 것은 무엇이라고 생각하세요?

저는 자존감을 책에서 배우지 않았고 운이 좋게도 어릴 때부터 가정에서 자연스럽게 자존감이 높은 아이로 키워졌습니다.

저의 이야기를 하려 합니다. 저는 대가족 속에 살았습니다. 이북에서 피난을 나와 서울에 터전을 잡으신 우리 할아버지와 할머니는 지극히 부지런하시고 가족이 삶의

중심인 분들이었습니다. 첫 번째 손녀인 저는 얼마나 사랑을 많이 받았을까요?

늘 어릴 때부터 "세상에서 니가 최고다", "잘한다"라고 칭찬해 주셨습니다.

6살에 갑자기 돌아가신 우리 할아버지는 틈만 나면 저를 자전거 뒤에 태우고 다니셨습니다. "현정아!"하고 다정한 이북 말씨로 절 불러주신 목소리가 아직도 귓가에 생생합니다.

할머니랑 여행을 자주 다니셨는데 늘 저를 데리고 다니시다가 한 번은 부부동반 여행이어서 저를 데려가지 않기로 했었습니다. 집을 나서는 두 분께 제가 "나도 가고 싶어요"라고 노래를 부르며 거실을 빙빙 돌았는데, 그런 저를 보며 할아버지가 차마 발걸음을 못 떼시니 할머니가 재촉하며 짐 가방을 들고 나가셨습니다. 그런데 가시다가 제가 눈에 밟힌다고 다시 돌아오셔서 저를 데리고 여행을 가셨던 기억이 있습니다.

그렇게 끔찍이 사랑했던 할아버지가 6살에 갑자기 돌아가시

고 우리 가족 모두는 할아버지가 너무 보고 싶어서 한 달에 한 두 번씩 꼭 산소를 찾아갔습니다. 잡초를 뽑으면서 잔디도 깎고 숯불에 고기를 구워 먹다 산소에 불이 붙어 홀랑 태워 먹기도 했던 추억이 있습니다. 늘 맛있는 먹을거리를 잔뜩 싸가지고 가서 할아버지 산소에 가는 건 소풍이었습니다. 서울에서 자란 저에게 할아버지 산소는 곤충도 잡고 풀밭에서 뛰어 놀수 있는 유일한 시골집 같은 곳이었습니다. 할아버지의 커다란 산소에서 잔디 썰매를 타기도 했는데, 보통 무덤을 밟고 올라가는 건 큰 일 나는 일이죠. 그렇지만 저희 할머니는 "할아버지 머리 타고 실컷 놀아라. 할아버지도 너희들이니 좋아하실 거야"라고 하셨습니다. 할아버지한테서 받은 사랑과 믿음은 태어나서 6년도 안 되었지만, 학창시절 꽤 오랜 시간을 일기장에 할아버지한테 편지를 쓰는 형식으로 혼자 대화를 하면서 의지를 많이 했습니다. 어렵고 힘든 일이 있을 때 일기를 쓰면서 마음을 다잡았고 할아버지가 늘 나를 지켜주신다는 믿음이 지금까지 가지고 있습니다.

이제는 90세가 되신 저희 할머니 또한 제가 가장 닮고 싶은 인생의 롤 모델 같은 분입니다. 제가 무슨 짓을 해도 칭찬해 주시고 잘한다 해 주십니다. 대학 때 할머니랑 신촌에서 자주 만나 데이트를 했

습니다. 20대가 자주 찾는 식당
과 카페에 가서 파스타와 키위
주스를 사 드리고는 했는데요.
그 때마다 "내가 너 아니면 이
런 곳에 어떻게 와 보겠니."라
고 기뻐하시며 '맛있다', '맛있
다'를 백 번 말씀하셨습니다.
할머니가 기뻐하고 즐거워하
는 모습이 좋아서 한 달에 몇
번은 할머니와 데이트하는 시간을 보냈습니다. 할머니의 칭
찬은 지금까지도 계속되는데 심지어 제가 내비게이션을 보고
운전하는 것도 길을 어쩜 그렇게 잘 찾아다니냐며 대단하다
고 몇 번을 칭찬하십니다. 제가 낳은 아이들 셋도 또 끔찍이
예뻐하시고 아껴 주십니다.

할아버지와 할머니한테서 이런 원 없는 사랑을 받은 저는
세상에서 나란 존재는 제일 귀하고 누구에게나 사랑을 받는
다는 느낌과 믿음이 있습니다. 누구든 저를 좋아할 것이라는
밑바탕이 깔려 있으니 늘 자신감이 넘치고 학급 임원을 도맡
아 했습니다. 사람들 관계에서 편견이 없고 남에게 잘 보이려
애쓰지 않습니다. 간혹 누군가 저를 싫어해도 상처를 받거나
크게 동요되지 않습니다. 내 울타리가 단단하니 남이 나를 어
떻게 생각하는 것은 중요하지 않습니다. 마음이 여유롭고 안

정되어 있는 저의 모습은 남이 봤을 때 자신감이 넘쳐 보인다고 말합니다. 이 모든 건 저희 할머니, 할아버지, 부모님이 저를 늘 믿고 지켜봐 주시면서 응원해 주신 힘이 큽니다.

배움이라는 것은 눈으로 읽고 머리에 채우는 것이 아니라 몸으로 전해 받아 삶에 새기는 것이다.

_조윤제, 『다산의 마지막 습관』

아이가 태어나서 첫 번째 사회생활은 부모와의 관계입니다. 그래서 부모는 아이에게 우주라는 표현이 참 마음에 와 닿습니다. 부모에게 무한한 사랑을 받고 언제든 무슨 짓을 해도 버림받지 않을 거라는, 날 응원해 줄 거라는 믿음. 이 믿음은 밖에서 사회생활을 할 때의 밑거름이 되고 자신감이 됩니다. 자신감과 자존감의 차이점은 무엇일까요? 자신감은 어떤 일에 대(對)하여 뜻한 대로 이루어 낼 수 있다고 스스로의 능력(能力)을 믿는 굳센 마음. 자존감은 스스로 품위를 지키고 자기를 존중하는 마음이라고 사전에 나와 있습니다. 즉, 자신감과 자존감은 떼려야 뗄 수 없는 관계인 것입니다. 자신감은 자기를 존중하고 믿는 마음에서 나옵니다. 자존감은 자신감이 있어야 생기는 것입니다.

학원에 오는 아이들의 수업태도를 보면 가정에서 부모가 아이를 어떻게 대하는지가 보입니다. 선생님한테 칭찬 받고 싶어 열심히 잘하는 척만 하고 눈치 보기에 급급하거나 다른 아이들이 얼 만큼 했는지가 중요해서 거기에 집중하느라 본인 공부에 집중이 안 되는 아이들이 있습니다. 부모와의 관계가 불안한 경우라 할 수 있겠죠. 부모의 기대치가 높아 칭찬보다는 질책이 많거나 아이가 잘못 될까 봐 불안해서 사사건건 간섭하고 통제할 경우, 자신감이 없고 불안한 아이로 만들 수 있습니다. 물론 아이 자체가 욕심이 많은 경우도 있지만 부모로부터 인정을 충분히 받지 못해 자신에 대한 믿음이 부족하기 때문일 겁니다. 그리고 욕심이 많은 아이들은 더 많은 사랑과 인정을 갈구합니다. 그것을 채워주도록 부모는 칭찬의 방법과 양을 고민해 봐야 합니다.

저도 부모이지만 자식이 공부 잘하고, 인정받는 어른이 되기를 바라는 것은 어느 부모나 다 똑같습니다. 공부도 잘했으면 좋겠고, 남들 앞에 나서서 말도 잘했으면 좋겠고, 인성 좋고 교우 관계도 원만하여 인기도 많았으면 하는 바람은 모두가 같을 것입니다. 그런 아이로 키우고 싶은데 그렇게 크지 못 할까봐 불안한 마음이 우리 마음을 지배하지는 않는지, 우리의 내면을 한 번 잘 들여다봐야 합니다. 불안한 마음을 걷어내고 "우리 아이는 그렇게 클 수 있을 거야, 잘 크고 있어"라는 믿음으로 아이를 바라봐 주시면 어떨까요? 불안한 마음이 아닌 믿음으로 바라본다면, '아이가 뭘 잘못하는지', '뭐가 내 마음에 안 드는지'가 아닌 '이런 것도 잘하네!', '대단하네!'라는 생각이 들 겁니다.

지금 한창 공부하고 성장해 나가야 하는 우리 아이들이 자신의 공부에 온전히 집중하고 배움의 과정을 즐기는 아이로 키우고 싶다면 무엇보다 아이를 무한 신뢰해야 합니다. 내 뱃속에서 나온 내 아이이기 때문에 충분히 잘해낼 수 있습니다. 내 마음에 안 드는 행동을 하더라도 그건 자라나는 과정에서 일어날 수 있는 일이라 생각해주세요. 조금 마음의 여유를 갖고 한 발자국 떨어져 지켜봐 주세요.

"아이는 연 날리듯 키워라."라고 합니다.

끈을 잡고는 있지만 아이가 주도해서 자신의 삶을 설계해 나갈 수 있게 기회도 주고 기다려 주고 칭찬해 주고 응원해 준다면 이 세상에 보탬이 되는 빛과 같은 존재로 성장할 수 있을 것입니다. 그렇게 믿어 봅시다!

 임현정 작가의 한 마디

자존감이란 가르치고 배우는 것이 아니라 가정에서 부모가 가장 우선적으로 아이들한테 물려줄 유산입니다. 아이의 첫 번째 사회생활은 부모와의 관계입니다. 아이에게 믿음과 신뢰, 무한한 사랑을 주세요. 자신감과 자존감이 충만한 아이는 사회생활을 주도적으로 해나갈 것이며 부모가 기대한 것 이상으로 분명히 잘 자랄 겁니다.

사춘기 아이와의
대화

학원에서 만나는 학부모들과 상담을 해보면 학습적인 부분뿐만 아니라 아이와의 소통이나 관계의 어려움을 토로하시는 분들이 많이 있습니다. 특히 사춘기를 겪고 있는 아이들과의 문제는 더 어렵게 느끼시는 것 같습니다. 많은 어머니께서 "우리 아이가 벌써 사춘기가 온 것 같아요"라는 말씀을 하십니다. 20년 넘게 아이들을 가르치고 있는 제가 봐도 사춘기가 더 빨리 오는 것 같습니다. 사춘기 자녀문제로 힘들어하는 경우 많은 어머니들이 일단 아이와 대화하는 것에 부담을 느끼고 있습니다. 괜히 대화를 시도했다가 관계가 더 악화될까봐 차라리 말을 하지 말자 하십니다. 그러다 보니 부모로서 당연히 해야 할 말도 아이가 잘못된 길로 갈까봐 못하고 계시는 경우도 많습니다. 그저 사춘기니까 '저러다 말겠지'라는 마음을 갖기보다 부모로서 우리 아이들이 사춘기를 잘 보내고 건강한 어른으로 성장할 수 있도록 적극적으로 공부해야 할 필요가 있습니다.

우리는 우리 자녀에게 어른으로서 또 부모로서의 위치를 인정받기를 원합니다. 아니 대접까지는 아니더라도 부모에게 대들거나 말대꾸를 하는 자녀의 버릇없는 행동을 경험하고 싶어 하지 않습니다. 얼마 전 초등 6학년 학부모께서 전화를 하셔서 하소연을 하셨습니다. 아이의 숙제 문제로 혼을 냈는데 예전 같으면 "잘못했습니다."라고 하고 숙제를 했던 아이가 오늘은 끝까지 하기 싫다고 하며 학원도 안 가겠다고 했답니다. 전에는 안 그랬는데, 사춘기가 되면 보란 듯이 부모의 꾸지람에 거부하는 행동을 보여준다는 것이죠. 부모는 그런 아이들의 행동이 못마땅하고 그럴수록 서로 이해를 못하는 상황이 발생합니다. 이런 상황이 반복적으로 찾아오면 어렸을 때처럼 좋은 관계가 유지되는 것은 어려운 일이 됩니다.

앞서 하소연을 하신 어머님도 같은 경우였습니다. 그래서 저는 "어머니, 제가 아이와 이야기 해 볼게요."라고 말씀드리고 아이가 오기를 기다렸습니다. 잠시 후 학원에 들어온 아이와 이야기를 해 보았습니다. 일단 아이의 상황을 들어보았습니다. 아이 입장을 귀 기울여 들어주었고 충분히 그럴 수 있음을 인정해주었습니다. 공감을 해준다는 것은 동감한다는 것과는 다른 것입니다. 일단 아이의 말에 공감을 하려고 노력하고 공감하고 있다는 것을 느끼게만 해줘도 그 다음 대화는 쉽게 풀려나갑니다. 충분한 대화를 나누었고 아이는 자신의 잘못을 인정하였습니다. 그리고 내일은 한 시간 더 일찍 학원에 와서 숙제하기로 약속도 했습니다. 저는 아이의 말을 귀기울여 들어주고 인정을 해주고 공감해 주었는데 스스로 문제점을 찾아내고 해결점도 찾아낸 셈이지요.

어찌 보면 부모가 아이들에게 어른의 감정만을 표출하고 있지 않은가 생각해보게 됩니다. 아이들은 지금 너무도 당연한 시기를 지내고 있는데 어른인 우리가 아이들의 상황을 이해하지 않고 있는 것은 아닐까요? 그러다보니 적절히 대응하지 못하고 어른인 나의 감정만 생각하는 경우가 많은 것 같습니다.

『사춘기 자존감 수업(안정희)』에서 저자는 관계 자존감을 키우는 5가지 전략을 다음과 같이 말하고 있습니다.

1. 아이의 상황을 먼저 이해하라!
2. 감정을 말로 표현하라!
3. 생각을 올바로 할 수 있도록 도와라!
4. 열린 마음으로 받아들여라!
5. 어떻게 행동해야 하는지 확실히 알려주라!

제가 위의 전략대로 사춘기 아이와의 대화에서 성공한 경험가 있습니다. 저희 학원에 중2 남학생 중에 한명이 일주일에 한두 번 결석을 꼭 합니다. 선생님께 대들거나 문제행동을 하지는 않지만 수업시간에 의욕적이지도 않고 숙제도 잘하지 않으며 무엇보다 결석이 너무 잦은 것이 문제였답니다. 결석을 할 때마다 담당 선생은 어머니와 통화를 했지만 어머니도 어떻게 해야 할지 모르겠다고 하시며 도통 엄마 말을 듣지 않는다고 한숨을 내쉬기 일쑤였습니다. 어머니께서도 어찌할 바를 모르고 힘들어만 하시는 듯 했습니다. 그래서 원장인 제가 아이를 불러 따로 이야기를 해 보기로 하였습니다. 일단 아이의 상황을 먼저 들어보았습니다. 왜 지각을 하는 지, 혹시 학원이 오기 싫은 건지, 솔직히 이야기를 해주면 엄마나 내가 뭐라도 도움을 줄 수 있을 거라 했지요. 그런데 의외로 아이는 그냥 단지 귀찮아서 그렇다고 했습니다. 학원이 싫은 건 아니고 자다가 학원 시간을 놓치거나 친구와 놀다가 시간을 놓치는 등 단순히 그런 정도의 이유라고 대수롭지 않게 이야기를 했습니다.

얘기를 들으면서 아이의 입장이 되어 보았습니다. 충분히 그럴 수 있을 것 같았습니다.

"그랬구나, 그래서 자꾸 결석을 했구나. 무슨 큰 문제가 아니라서 너무 다행이네."라고 대답을 해주었지요. 그 때부터 왠지 아이의 반응과 표정이 달라지는 느낌이 들었습니다. 아이도 제 말을 들어줄 준비가 되었다고나 할까요? 처음 마주 앉아서 느꼈던 어색감과 거리감이 조금씩 사라지는 듯 했습니다. 그리고 아이가 수업에 늦거나 결석을 하면 수업에 어떤 지장이 있는 지에 대해 생각을 물었고 힘든 부분에 대해 해결점을 같이 상의하고 결정을 했습니다. 그렇게 그 친구와의 오랜 대화가 잘 끝나고 앞으로 '잘 해보자'의 의미로 작은 선물을 했습니다. 그리고 신기하게도 지각과 결석 없이 잘 나오고 있습니다.

어쩌면 이런 대화는 그저 책에서나 나오는 이론에 불과하다고 느낄 수 있습니다. 저도 사춘기 아이들 둔 엄마로서 늘 이렇게 하기가 쉽지 않다는 것도 공감합니다. 하지만 아동에서 어른으로 넘어가는 중간 단계에서 아이들은 '어른인 듯 어른 아닌 어른 같은 나'를 만나는 시기라고도 합니다. 신체적으로는 어른의 모습으로 변화하고 있지만 아직 여전히 정신적으로는 미숙한 상태인 것입니다. 그러니 아이들도 혼란스러울 수밖에 없지요. 그리고 자신을 통제할 힘이 아직 길러지지 않았을 테고요.

그러한 아이들에게 정신적 성장을 도울 수 있도록 어른인 우리가 더 잘 보듬어 나가야 할 것입니다. 가끔은 우리의 사춘기 때를 생각해보며 아이들을 이해보는 것도 좋을 것입니다. 물론 이해만 해서는 절대 안 됩니다. '아이들은 알아서 잘

클 거야'라고 회피하고 그냥 내버려 두지 말고 어른인 우리가 아이들을 이끌어야 합니다. 그러기에 어렵지만 먼저 노력을 해야 하지 않을까요?

 김홍임 작가의 한 마디

소통은 감정을 주고받는 일입니다. 말만 가득한 대화에서는 마음이 움직이지 않습니다.
충분히 마음을 나누며 소통해야 하는 것이지요.
아이들이 올바른 생각을 할 수 있도록
그리고 그 생각에 책임을 질 수 있는 행동을 하도록 이끌어야 합니다.

선생님의
영업 비밀

딸 채리가 초등학교 5학년 때의 일입니다. 1학기가 끝나갈 무렵 학부모 모임에 나간 적이 있어요. 그때 한 엄마가 이렇게 이야기를 꺼냈습니다.

"나는 우리 담임선생님이 정말 고마운 거 있죠?"

"왜요? 뭐가 고마운데요?"

"지난번에 선생님하고 상담했는데, 우리 민식이를 많이 사랑하시는 게 느껴지더라고요."

"어머, 그래요? 나도 선생님이 우리 아이를 정말 잘 파악하고 있다는 걸 느꼈는데요."

"선생님은 우리 아이를 제일 예뻐하시던데."

그 자리에 모인 십여 명의 엄마는 모두 담임선생님이 자기 아이를 가장 예뻐한다고 말했습니다. 그러고는 모두 이렇게 훌륭하고 좋은 선생님을 만난 건 우리 5학년 8반이 로또를 맞은 거라며 매우 좋아했어요. 나는 학생을 지도하는 선생으로서 담임선생님의 비법이 궁금했습니다. 대체 어떤 기술이 있으신 건지 여쭙고 싶었지만 그 당시에는 물어보지도 못하고 지나가 버렸습니다.

채리가 중, 고등학생이 되어서도 가끔 선생님과 연락을 주고받았습니다. 선생님은 초등학교를 떠나 대학교 교수로 재직하고 있다는 걸 알게 되었어요. 아이가 대학에 합격한 기쁜 소식을 제일 먼저 5학년 때 담임선생님께 알려 드리고 싶었습니다. 합격 소식을 전해 받은 선생님은 무척 기뻐하셨고 나와 딸아이는 오랜만에 선생님을 찾아뵈러 갔습니다.

"선생님, 정말 궁금해요. 우리 반 엄마들은 그때 당시 모두 선생님은 자기 아이를 유난히 예뻐한다고 생각했어요. 대체 엄마들을 그렇게 생각하게 만든 비결이 뭐예요?"

"아니, 어머님, 그건 제 영업 비밀인데요, 그걸 어떻게 그냥 말씀드리죠?"

선생님의 유머에 모두 기분 좋게 웃었습니다.

"그런데, 선생님, 오다 보니까 연구실 밖에 화분을 꺼내 놓으셨던데요?"

"네, 오늘 햇빛이 좋아서요."

"밖에도 화분이 많던데 연구실 안에도 화분이 꽤 많네요? 제가 처음 보는 식물들도 많고요."

"네, 제가 유난히 나무를 좋아하고 식물을 사랑해요. 아이도 식물과 같다고 생각합니다. 교사 생활 10년 정도 하다 보니 그때서야 아이들을 제대로 볼 수 있는 눈이 생겼어요. 아이들의 내면이 보였거든요. 하지만, 마음 아프게도 이미 그 생명의 싹이 잘린 아이들도 있었어요."

"생명의 싹이 잘리다니요?"

"부모로부터 상처받아 싹이 잘린 아이들을 많이 보았어요. 그럴 땐 참 안타깝죠. 이 아픈 아이들을 어떻게 치유할 수 있을까 생각하면 마음이 아픕니다. 물론, 부모님은 다 자식들 잘되라고 다그치신 거겠죠. 봄이니까 햇빛 많이 받고 무럭무럭 자라라고 제가 화분을 죄다 밖에 둔 것처럼 말이죠. 사실 음지에 있어야 건강하게 자라는 식물이 있고, 햇빛을 받아야 쑥쑥 잘 크는 식물이 있는데 말이죠."

아이들마다 성향도 다르고 마음 밭도 모두 다릅니다. 그런데 어찌 천편일률적으로 대할 수 있을까요? 선생님의 말씀에 깊이 공감하였습니다.

선생님은 스승의 날을 하루 앞두고 있었던 일화도 들려주었습니다.

"애들아, 내일이 무슨 날이야?"

"스승의 날이요."

"그럼, 선생님 생일날인데 선물 줘야겠네?"

"……"

"너희들 생일날 선물 받아? 안 받아?"

"받아요."

"내일은 누구 생일이야?"

"선생님 생일요."

"그럼, 선물 줘야 해? 안 줘야 해?"

"줘야 해요."

"선물은 받고 싶은 사람이 원하는 걸 주는 것이 가장 좋은 선물이야."

그렇게 말하고 아이들 한 명 한 명에게 선물을 요구하셨대요. 늘 가방을 내팽개치는 영호에겐 "영호야, 내일 하루만 이 가방을 여기에다 걸어라!" 또 앞머리를 길게 내려서 답답해 보이는 철수에겐 "철수야, 선생님은 우리 철수 눈이 보고 싶어." 이렇게 말씀하셨답니다. 그리고 다음 날에 아이들은 정말 선생님께 선물을 주었답니다. 영호는 가방을 책상 걸이에 얌전히 걸어두었고 철수는 예쁜 눈이 보이게 머리카락을 시원하게 자르고 왔대요.

자세히 보아야
예쁘다

오래 보아야
사랑스럽다

너도 그렇다

_나태주, 『풀꽃』

나태주 시인처럼 선생님은 아이들 한 명 한 명을 유심히 관찰하셨습니다. 그리고 관찰한 아이의 예쁜 모습을 발견하시고 사랑스러운 모습을 찾아내신 거죠. 그러니 아이마다 소통법도 다르셨던 겁니다. 우리는 보통 나의 기준에서 상대방과 소통합니다. 내 기준에서 아이를 다그치고 혼내고 화를 내곤 합니다. 그러나 선생님은 다그치고 야단치거나 언성을 높이지 않으셨습니다. 내성적인 아이, 활달한 아이, 소심한 아이, 산만한 아이 등등 아이마다의 특성을 파악하고 고려하신 그 열정과 사랑에 놀랐어요. 선생님의 애정에 아이들도 사랑으로 반응했다고 생각합니다.

선생님과 이야기를 나누고 캠퍼스를 나오면서 나는 딸과 눈을 마주치며 행복하게 웃었습니다. 하늘은 선생님의 마음만큼 높았고 공기는 선생님의 마음처럼 맑았습니다. 나도 학생들의 마음 밭에 좋은 거름을 줄 수 있는 선생님이 되고 싶다고 생각했습니다.

 고민서 작가의 한 마디

아이와 소통할 땐 아이의 관점에서 마음을 열어주세요.

더 나은 어른으로
성장하는 법

아이는 부모의 모든 것을 보고 배우며 인격을 형성해 갑니다. 자신의 아이가 올바른 가치관을 가진 훌륭한 아이로 자라기를 기대하는 것은 모든 부모의 마음일 것입니다.

하지만 우리 부모는 자신의 일방적인 기준을 가지고 아이들을 훈육하는 경향이 있습니다. 때로는 비난과 비교, 강요, 변덕스러운 기준을 적용하기도 합니다. 그럴 때 아이는 부모가 야속하기만 합니다. 아이가 부모에게 반감을 가질 때는 부모의 말과 행동이 일치하지 않기 때문인 경우가 많습니다. 물론 부모도 성인군자가 아니기에 때로는 실수를 합니다. 문제는 그 실수를 인정하고 아이에게 진실을 이야기하기 보다는 사실이 아닌 척 변명하고 무마하려는 것에 있습니다.

왜 부모는 아이에게 솔직하지 못한 것일까요?

아마도 자신의 실수를 인정하면 부모로서 권위가 떨어져 아이들이 부모의 말을 무시하게 될까봐 두려워서일 거예요.

어느 날 고2 여학생의 어머니께서 학원에 상담을 요청하셨습니다. 초등학교 2학년 때부터 바이올린을 연주하고 예고에 다니는 학생이었는데, 악기를 포기하고 공부해서 대학을 가겠다고 선언을 했다면서 눈물을 흘리셨습니다.

저는 "왜 바이올린을 포기하는 것이 속상하신가요?"라고 여쭤봤습니다.

어머니께서는 아이가 바이올린을 좋아한다고 생각해서 어려운 형편에도 가정 수입의 엄청난 돈을 레슨비로 지불해오셨다고 했습니다. 그렇게 뒷바라지하며 자신의 인생을 희생해왔는데, 아이는 자신이 원해서 바이올린을 한 게 아니라 부모님이 원해서 어쩔 수 없이 했다고 원망을 한다고 했습니다. 그리고 자신이 악기하면서 겪었던 고통을 얘기하며 이것이 다 부모님의 강요 때문에 일어난 일이니 자신에게 진정으로 사과를 하라고 얘기했다고 합니다.

아이를 위해 최선을 다해 뒷바라지를 했는데 이런 얘기를 들으니 지금까지 살아온 인생이 허무하게 느껴지고 인생 전체를 부정당하는 것 같다고 말씀하셨습니다. 부모인 저로서도 학부모의 심정이 얼마나 참담하실지 충분히 이해가 갔습니다.

부모의 노력을 생각하지 않고 자신의 고통을 얘기하는 아이에게 우린 어떤 마음으로 대해야 할까요? 이 부모는 아이에게 진심 어린 사과를 해야 할까요?

여러분이 그런 입장이라며 어떻게 하시겠습니까? 그리고 사과를 해야 한다면 어떻게 사과를 해야 아이의 마음의 상처가 덧나지 않을 수 있을까요?

저는 부모의 관점을 버리고 아이의 관점에서 그 상황을 바라봐야 해답을 찾을 수 있다고 생각합니다. 우리가 사랑을 할 때 사랑이라는 마음으로 상대편에게 많은 것을 베풀려고 노력합니다. 그런데 상대는 그것이 자신이 원하는 사랑이 아니라고 거부하는 경우를 생각해보아야 합니다. 자신만의 일방적 사랑을 하고 있는 건 아닌지 우린 늘 살펴보아야 합니다. 그것이 바로 서로의 마음을 알아가는 소통의 과정입니다. 부모의 잘못이 아니라 그동안 아이의 마음을 알아채지 않고 그저 미루어 짐작한 실수입니다. 저는 어머니가 느끼는 마음을 있는 그대로 대화를 나눠보도록 조언해 드렸습니다. 아이가 느꼈을 고통에 대한 공감과 어머니가 느끼는 서운한 감정과 허무한 마음을 잘 표현하실 수 있기를 바랐습니다. 진심어린 대화를 나눈다면 지금은 이해하지 못하더라고 시간이 지나면 부모의 진심을 알 수 있을 거라고 믿습니다.

우리는 살아가면서 서로 다름으로 인한 갈등을 겪게 됩니다. 누군가에게 상처를 입을 때는 대화 속에서 느끼는 불편한 감정 때문일 때가 많습니다. 부모와 자식도 마찬가지입니다. 부모는 자녀와 대화하는 방식에 대해 늘 스스로를 성찰해보아야 할 것 같습니다. 특히 일상이 바쁜 부모는 "네가 좀 알아서 해!", "지금 바쁘니까 나중에 얘기하자", "다른 집 애들은 다 알아서 하던데 넌 왜 그러니"라는 말로 아이들과 감정의 벽을 만들어 갑니다. 그러면서 부모는 "우리 아이는 학교에서 있었던 일들을 얘기를 하지 않아요. 뭘 물어봐도 항상 시큰둥해요. 왜 그런지 모르겠어요."라고 하소연 합니다.

이것은 우리가 지금까지 올바른 대화의 방식을 갖지 못했기 때문입니다. 대화는 서로가 원하는 것을 얘기하고 상대가 원하는 것을 들어주는 것이지 서로를 비난하는 것이 아닙니다. 그런데 부모는 종종 아이들과 대화를 시작해서 비난으로 끝나며 서로에게 상처를 주는 경우가 너무 많습니다. 그러면 아이는 차라리 부모와 얘기할 때, 입을 다물고 있는 것이 상책이라고 생각할 수도 있습니다. 우리가 아이들에게 물려주고 싶은 것은 단순히 물질적 풍요만은 아닐 거예요. 아이가 세상을 살아가면서 겪게 되는 다양한 문제에 대해 지혜로운 삶의 모습을 알려주고 싶어 합니다. 지혜롭게 살아가는 것 중 타인과의 관계맺음은 매우 중요합니다. 살아가면서 자신이 생각하고 원하는 것을 정확하게 말할 수 있는 것은 타인과의 소통에 기본입니다.

우리는 대화를 할 때 말속에 들어있는 진심을 들으려 노력해야 합니다. 가끔은 아이들의 말을 차분하게 듣지 못하고 말을 가로채고 과장된 말을 하기도 합니다. 아이들을 평가하고 비난하기를 습관처럼 사용하지 않는 지 되돌아봐야겠습니다. 아이 때문에 화가 나는 상황이라 할지라도 감정을 폭발시키는 말보다는 그 말속에 들어있는 감정과 메시지를 찾으려 노력해야 합니다. 왜냐하면 내가 폭발적으로 내뱉은 말들이 아이의 가슴에 남아서 계속 메아리치며 잊혀 지지 않는 상처가 될 수 있기 때문입니다.

아이를 양육한다는 것이 때로는 참 힘들고 고난의 연속처럼 느껴질 때가 많습니다. 하지만 아이를 키워가면서 우리는 더 좋은 인간으로 성숙해가는 기회가 된다는 깨달음을 얻을 때도 많습니다. 저는 부모가 되기 전에는 오직 저 자신만을 생각하며 그저 자유로운 존재였습니다. 하지만 아이를 낳고 키우면서 제 이기적이고 못난 스스로의 모습을 되돌아볼 수 있었습니다. 제가 정한 기준을 내려놓고 배려와 존중을 배워 좀 더 나은 어른이 될 수 있는 시간들이었습니다. 특히 학원을 운영하면서 다양한 학생들을 만나 대화를 나누며 참 많은 것을 배우고 느낄 수 있어 감사할 때가 너무 많습니다. 아이들의 마음을 공감하고 이해해주는 것이 얼마나 아이들에게 큰 힘이 된다는 것을 알아가는 시간들이었습니다. 대학생이 되어서도 스승의 날에 찾아오는 제자들, 군대에 간다고 찾아오는 제자들, 취업이 됐다고 밥을 사겠다고 찾아오는 제자들을 보면서 함께한 시간의 소중함을 느낍니다.

우리는 살아가면서 더 나은 인간으로서 성장하기를 바랍니다. 성장이란 변화하는 것이며 변화는 새로운 영역에서 자신을 시험해 보는 것입니다. 이 때 마음속에 있는 것은 공포가 아니라 가슴 설레는 기쁨이어야 합니다. 아이를 키워 간다는 것 또한 우리 인생에서 많은 지혜를 배우고 성장하는 가슴 설레는 기쁨이 함께 하는 일이랍니다.

 김미란 작가의 한 마디

아이와 대화를 할 때 부모 자신의 모습이 어떠한지 되돌아보고 점검해 보면 좋겠습니다. 부모의 삶을 보여줌으로써 전해주는 가르침이 아이들에게 더 효과적이랍니다.
나의 말과 행동이 어떠한지 스스로 성찰하고 더 좋은 인간이 되려고 노력해 보세요.
어쩌면 나의 진정한 스승은 나의 아이가 될 것입니다.

워킹맘의
소통 노하우

내 아이가 여섯 살 때쯤이었을 거예요. 학원 강사였던 나는 매일 밤 11시가 넘어서야 집에 도착하곤 했습니다. 집에 오면 아이는 이미 잠들어 있었어요. 잠든 아이의 모습을 몇 번 쓰다듬고는 나는 이것저것 다른 일을 하다가 새벽에 잠들기가 일쑤였습니다. 그때 딸아이는 유치원을 다니고 있었습니다. 아이는 아침에 일찍 유치원에 가고 나는 오후에 출근하니 늦잠 자는 게 일상이었습니다.

친정엄마께서 아이를 돌봐주신 덕에 엄마만 믿고 아침나절까지 잠 속을 유영하고 있었죠. 마음만은 아이를 위해 벌떡 일어나 셔틀버스 있는 곳까지 가서 웃는 얼굴로 잘 다녀오라고 인사하고 싶었지만, 피곤함에 지친 몸은 잘 일어서지를 못

했고, 눈꺼풀은 천근만근이었습니다. 여러분도 잘 아시죠? 세상에서 가장 무거운 것은 '졸음에 겨운 눈꺼풀'이라는 것을요. 그렇게 바쁘게 하루하루를 살아가던 어느 날 선배 강사가 묻더군요.

"고 선생은 돈은 왜 벌어?"

"왜라뇨? 돈 벌어서 우리 딸하고 맛있는 거 먹고 행복하게 살고 싶어서죠!"

그렇게 말하면서 순간 깨달았습니다. 아이와 행복하게 살고 싶어 돈을 벌고 있지만 정작 아이와 시간을 보내고 있지 못하다는 것을요. 하지만, 그렇다고 일을 그만둘 수는 없었어요. 나는 가르치는 일에 보람을 느꼈고 나이 서른이 넘어가면서 강사로서 인정도 받고 학생들과 함께하는 시간도 매우 소중하고 즐거웠거든요. 어떻게 하면 아이에게 나의 마음을 전할까 고민하다가 묘안을 하나 떠올렸습니다. 바로 아이와 편지 쓰기였어요. 나는 스프링 공책을 하나 준비했어요. 그리고 이제 막 한글을 깨우치기 시작한 아이를 배려해서 짧게 편지 쓰기를 시작했습니다. 공책의 왼쪽은 엄마가 쓰고 오른쪽은 아이가 쓰게 했어요. 이제 겨우 한글을 배우기 시작한 아이는 맞춤법도 표기도 엉망이었어요. 글씨도 삐뚤삐뚤. 지금도 그때 쓴 노트를 보면 배시시 웃음이 나옵니다.

"엄마 오늘도 고생이야. 엄마는 메일마다 고생이지 엄마 사

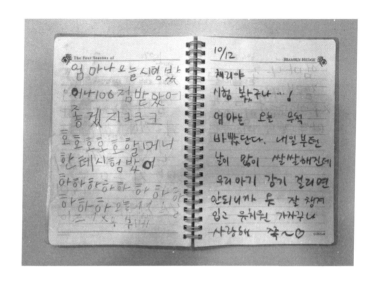

랑해. 엄마도 피자 먹어서"

"채리야, 엄마도 피자 먹었어요. 그 시장 피자 맛있었니? 궁금하네. 그리고 채리야, 벌써 '고생'이라는 단어도 아니? 어느새 많이 컸구나. 사랑해. 내 아가야."

사랑스러운 6살 아이와 이렇게 편지를 주고받으며 하루하루를 보냈습니다. 편지를 보면 아이가 더 보고 싶어지고 궁금해졌습니다. 어느 날은 우리를 나무로 표현하기도 했어요. 갈색으로 나무를 색칠하고는 그 위에 밝은 색깔로 '나무 고민서' 그 옆에는 '김채리 나무' 이렇게 글을 쓰고는 나뭇가지가 아닌 나무줄기에 꽃을 피워내는 기상천외한 상상력도 발휘했습니다.

우리는 그렇게 서로의 편지를 기다리기 시작했습니다. 아이는 유치원에서 있었던 일을 써놓기도 했고, 할머니와 어떤 놀이를 했는지 아빠와 놀이터에서는 무엇을 했는지 알려 주기도 했습니다. 그리고 자신의 감정도 솔직하게 적어두었어요.

"엄마, 미워 치사해", "나도 그레, 난엄마가 안자서 델레비전 보나해서. 쪼옥~~ 꿈나라로 엄마도 가네." 도무지 알아볼 수 없는 이 글자의 정체는 무엇일까? 소리 내 읽어 보고 해독하다가 그 뜻을 알아내고는 까르르 웃기도 하고, 정말 모르는 것은 다음 날 아침 유치원 가기 전에 아이에게 물어보기도 했습니다. 문장 뜻을 알아내고는 서로 한참 웃고 껴안고 뒹굴기도 했습니다. 아이는 엄마와 함께 그림 그리고 편지 쓰기를 하면서 전보다 한층 더 밝고 행복해 보였습니다.

> 마음의 충족감은 아이가 '와! 부모가 내 마음을 잘 아는구나'라고 느끼면서 눈에 보이지 않는 따뜻한 느낌이 확 차오르는 거예요. 양으로는 측정이 안 되지만 물통에 물이 차오르듯이 내 마음에 사랑이 꽉 차오르는 느낌이 드는 겁니다. 그럴 때 아이는 '아, 행복해!'. '아, 나는 사랑받는 사람이구나'라고 생각합니다.
>
> _오은영, 『화해』

일하고 공부하는 엄마로 늘 정신없이 바빴지만 아이는 엄마 사랑에 부족함을 느낀 적은 없었다고 말합니다. 여러분은 사랑 표현을 어떻게 하세요? 만지는 사랑, 말하는 사랑, 글로 쓰는 사랑 등등 사랑 표현은 무척 다양합니다. 그것이 무엇이었든 간에 우리는 드러내야 합니다.

'말하지 않아도 알아요, 초코파이 정(情)'

한 번쯤은 들어보셨죠? 이 광고 문구조차 초코파이를 주는 행위를 통해 나의 마음, 정(情)을 표현합니다. 유통되지 않은 사랑은 모두 무효입니다.

 고민서 작가의 한 마디

짧은 글도 좋아요.
그림을 그려도 좋아요.
아이와 소통의 장을 마련하세요.

아버지의
회초리

아버지 하면 가장 먼저 떠오르는 것은 무엇인가요? 저는 아버지하면 첫째로 아버지가 회초리를 들고 계셨던 모습이 가장 강렬하게 떠오릅니다. 어렸을 적 올바르지 못한 행동을 할 때면 항상 들고 오시던 '사랑의 매'는 우리가 세상을 올바르게 살아가지 않았을 때 어떠한 처벌을 받을 수 있는지를 알 수 있게 해준 아버지의 강렬한 메시지였습니다. 그 시기의 메시지가 지금 성인이 되어서는 세상을 살아가기 위한 근본이자 주춧돌로서의 역할을 해 주고 있고요. 하지만 그만큼 아버지는 항상 저에게 있어 두려움의 대상이었죠. 행동을 바로 잡기 위한 회초리였지만 어찌 보면 아버지와의 거리감을 만드는 큰 요소였던 것도 사실이니까요. 그럼에도 어른이 된 지금, 아버지의 회초리는 올바름, 정직 그리고 정의가 되어 올곧게 머릿속에 인지가 되어 있답니다. 지금에 와서 생각해보면, 아버지의 회초리는 단순한 두려움이 아닌 나를 올바르게 이끌어 준 이정표로서의 역할을 해준 것이 아닐까 생각이 듭니다.

그렇다면 아이에게 있어서 체벌은 꼭 필요한 수단일까요? 결론부터 이야기 하자면 가능하면 들지 않는 것이 옳다고 봅니다. 체벌보다는 올바른 소통을 통해 해결할 수 있으니까요. 하지만 만약 체벌이 필요한 순간이 온다면 절제된 환경에서의 체벌은 가능할 수 있다 생각합니다.

얼마 전 우리 첫째 아이에게 "은빈아 위험하니까 의자에서 뛰면 안돼" 라고 이야기를 한 적이 있었답니다. 그러자 그 말을 들은 은빈이가 동생 예빈이에게 가서 큰소리를 지르며 이야기 하더군요. "예빈아, 위험하니까 의자에서 뛰지 말라 그랬지!" 그렇게 똑같이 아빠 말을 따라하면서 그걸 동생에게 신경질 적으로 전하는 아이를 보며 다시 그렇게 이야기 해 주었습니다. "은빈아, 너가 의자에서 뛰다가 넘어지면 은빈이가 다칠 거야, 은빈이가 다치면 누가 마음이 아플까?" 이렇게 이야기 하니 곰곰이 생각에 빠지더군요. "아 그럼 아빠랑 엄마가 슬플 거 같아", "그래 그러니까 은빈이한테 의자에서 뛰지 말라는 건, 은빈이가 걱정이 돼서 하는 말이야. 그럼 은빈이도 동생이 걱정돼서 말하는 거지?" 그러자 다시 한 번 이야기 하더군요. "예빈아 의자에서 뛰면 언니가 걱정돼서 그래요."

아이들이 공감능력을 얻게 되는 시점은 언제일까요?

만으로 4살 정도 되는 시점에서 아이들은 공감능력을 얻게 된다고 합니다. 이 전까지는 아무리 배려에 대해 이야기를 해도 자기중심적인 사고를 가지고 있는 아이로서는 이해를 못하는 것이지요. 저희 큰 아이가 위에 일 같이 부모의 말을 따라하며 똑같이 동생에게 행동했을 때, 엄마, 아빠가 말한 의도를 전달해 주면 아이는 그 행동에 대한 의미를 깨닫고 받아드린답니다. 하지만 만약 아무런 말도 하지 않은 채, "조용히 해!!", "의자에서는 뛰는 게 아니야 어서 내려와!"라고 했다면 아이가 느끼기에 '엄마가 나에게 소리를 지르는 구나'라고 단순히 인지를 한다는 말이지요.

이렇게 아이의 나이에 따른 소통은 아이의 올바른 인식 형성에 대단히 큰 도움을 줍니다. 더욱이 아이의 행동을 교정하거나, 훈육에도 도움이 될 수 있지요. 실제로 2~3세의 아이에게 아무리 배려와 타인에 대한 이해를 백번 이야기해도 아이 입장에서는 이해를 할 수 없는 부모의 억지 언행일 뿐이랍니다.

한번은 한 학부모께서 이렇게 질문한 적이 있습니다. 우리아이가 공공장소에 가면 갑자기 큰 소리를 지르거나 돌발행동을 할 때가 있는데, 이럴 때 어떻게 대처를 해야 하는지 모르겠고요. 그 아이의 나이는 이제 막 3살이 된 아이였다고 합니다.

"어머님은 어떻게 대처하셨어요?"라고 말씀드리자 아이를 다그치면서 그 자리를 황급히 피했다고 합니다. 저는 다시 되물었죠. "아이한테 그런 행동을 교정하기 위해 어떻게 행동하셨나요?" 그러자 아이 엄마가 이렇게 이야기 하더군요. "공공장소에서는 여러 사람이 있기 때문에 소리 지르면 엄마와 다른 사람들이 곤란하다고 이야기 했어요." 제 대답은 이거였죠.

"바로 그겁니다. 아이에게 있어서 지금 자아가 강하기 때문에 타인이라는 인식이 거의 형성되지 않은 시기랍니다. 그렇기 때문에 지금 아이에게 다른 사람을 생각하라고 말하는 것은 아무런 도움이 되지 못하죠. 어린 아이가 소리를 지르는 이유는 엄마의 이목과 관심을 받기 위함이 90% 이상이라 봐도 무방합니다. 반대로 소리를 지르면 무관심한 태도로 일관해보세요. 아마 소리를 지르는 행동이 많이 줄어들 겁니다."

이렇게 단순히 아이의 발달과정에 따른 소통방법만 알고 있어도 아이와의 소통과 행동교정에 있어서 큰 도움이 된답니다.

그럼 마지막으로 부모가 훈육을 위해 회초리를 들어야 하는 순간은 올까요?

아이의 인지능력, 사회능력, 공감능력은 10대를 전후로 만들어 집니다. 하지만 부모도 사람인지라 상황에 따라 판단을 해야 할 순간이 발생합니다. 이러한 중요한 인지 판단의 순간, 부모가 올바른 방향을 잡아주지 못한다면 성인이 돼서도 올바르지 못한 가치관과 사회능력을 가질 수 있는 것이지요.

　넷플릭스 드라마 〈더 글로리〉는 학교에서 벌어지는 학교폭력을 주제로 하는 드라마인데요. '학폭'의 피해자인 주인공이 성인이 되어 가해를 했던 학생들에게 복수를 한다는 주제의 드라마입니다. 저는 이 드라마에서 한 장면에 주목했는데요, 바로 피해자 주인공이 경찰에 신고를 하여 가해 학생들이 불려갔을 때, 가해 학부모들의 대처방식이 너무나도 충격적이었답니다. 아무리 내 아이를 위한다고 하지만, 아무런 사회적인 책임감이나 죄의식을 느낄 수 없게 감싸만 주는 태도를 보여주고 있죠. 이러한 가해 학부모의 행동은 아이들에게 있어서 '아 내가 이런 행동을 해도 용서받을 수 있구나'라는 잘못된 인식을 가지게 만든다는 겁니다. 그로 인해 성인이 되어서도 옳지 못한 행동을 할 것이고, 죄책감이나 죄의식을 느끼지 않는다는 것이죠. 이와는 반대로 가끔 드라마에서 대기업 총수가 자식을 회초리로 다스리는 장면들이 간혹 나오는데요. 부모의 직책이나 배경에 힘입어 자식이 호가호위하지 않게끔 엄격하게 교육하고 훈육하는 모습들을 볼 수 있습니다.

　위 드라마의 사례와 같이 정말 중요한 가치관의 변화나 강력한 잘못에 대한 질타를 하기 위한 회초리 훈육이 필요한 순간이 올 수도 있을 것입니다. 하지만 이것은 올바른 훈육에 대한 준비단계가 이행된 이후 진행되어야 하는 마지막 최후의 수단이라 생각합니다.

저희 아버지의 경우 회초리를 드실 때 항상 저에게 하던 말씀이 있습니다. "내가 너를 때리는 이유는 위로 올곧게 커야되는 나뭇가지가 옆가지로 휘어지는 것을 막기 위해 매로 쳐서 방향을 바꾸어 주는 거다."라고 말이죠. 그러면서 꼭 회초리로 맞는 이유에 대해 스스로의 입으로 말하게 시키셨죠. 저는 이러한 일련의 행위로 인해 맞는 행위를 내가 올바르게 커가기 위한 '아버지의 사랑'이라 생각했고, 성인이 되어서도 올바른 가치관을 형성하는데 도움이 되었다 생각합니다.

최근 너무나도 자유분방하게 성장하는 아이들을 부모는 나몰라라 방치하는 경우를 많이 봅니다. 자식은 부모를 보여주는 작은 창이기도 합니다. 결국 부모의 가치관이나 행동방식이 자식에게서 보여 질 수밖에 없는 것이지요. 그렇기 때문에 꼭 필요한 훈육은 아이가 올바르게 성장하기 위한 중요한 하나의 소통 방식이라 생각합니다. 제가 저의 아버지를 '회초리를 든 아버지'로 기억하는 것처럼 말이죠.

 서동범 작가의 한 마디

아이와 올바르게 소통하려면 나이에 적합한 소통 방식을 이해하는 것이 좋습니다. 더불어 10대가 되어 올바른 가치관 형성이 필요할 시기에는 적당한 훈육과 체벌에 대해 신중히 검토할 필요가 있습니다.

사춘기 아이와
협상하는 방법

태어난 지 얼마 안 된 아기한테 부모는 세상의 전부입니다. 모든 것을 부모에게 의존하기 때문에 불안한 감정이 찾아오면 울거나 떼를 쓰며 서툴게 표현합니다. 아기일 때 뿐 아니라 사춘기가 와서 급격하게 성장하느라 호르몬 때문에 마음이 불안정한 청소년도 마찬가지입니다. 안 그러던 아이가 부모에게 반항을 하거나 문을 닫고 방에서 나오지 않는 모습을 보이기도 하지요. 이럴 때 부모의 마음은 어떠세요? '청소년 아이는 마음이 불안 하구나'라고 이해하고 기다려 주십니까?

제가 상담해 본 바로는 많은 부모님들이 왜 징징 대냐고 아이를 혼내고, 어떻게 키운 자식인데 나한테 이럴 수 있느냐고 속이 상해하십니다. 안타깝게도 이 방법은 아이를 위협하여 불안감을 가중시키는 것입니다. 장기적으로 효과를 발휘하지 못 할 뿐 아니라 아이와의 관계만 소원하게 만듭니다. 어렵더라도 먼저 질문을 해야 합니다. 뭐가 불편하고 왜 그러는 것인 지를요. 질문하고 아이 입장에서 이해하려 노력한 다음 이 불안감을 해소시켜주면 아이들은 기꺼이 많은 것을 양보합니다.

아이의 투정에 대한 가장 올바른 대응은 질문하는 것입니다.
아이가 "엄마 나빠!"라고 말하면
"그런 말 하면 안 돼!"라고 혼내는 것이 아니라
"우리 아가, 왜 그렇게 생각하게 됐을까?"라고 그 이유를

물어야 합니다.

아이 입장에서 생각해보고 불안한 마음을 다독여주며 어루만져주어야 합니다.

저는 연년생 세 아이를 키우며 극성맞은 엄마였습니다. 늘 아침에 일어나면 클래식, 재즈, 오페라 등 다양한 장르의 음악을 들려주었습니다. TV를 보여주지 않았고 스마트폰도 쥐어줘 본 적이 없습니다. 당연히 첫째 아이가 중학교에 들어가기 전까지 스마트폰을 사준적도 게임을 시켜준 적도 없었습니다. 그렇게 키운 첫째 아들이 중학교에 입학하면서 몰래 PC방에 갔다는 사실을 알게 되었습니다. 너무 충격을 받고 화가 나고 어떻게 거짓말을 할 수가 있는지 기가 막혀 호되게 혼을 냈습니다. 심지어 내가 아이를 잘못 키웠다며 자책까지 하면서 혼자 엉엉 울기도 했습니다. 아이는 잘못했다고 울고 빌었지만 얼마 안 가 또 PC방에 간 것을 알게 되었습니다. 어떻게 그렇게 혼나고도 똑같은 잘못을 할까? 뭐가 잘못된 걸까? 부모가 우스워 보이는 건가? 이런 여러 가지 생각이 꼬리를 물다가 안 되겠어서 아이와 대화를 했습니다.

"엄마한테 거짓말을 하면서까지 pc방에 가는 이유가 뭐니?"라고 물었더니 아이는 대답을 하지 못 했습니다. 그래서 "게임이 그렇게 하고 싶은 거니?"라고 다시 질문을 했더니 그제야 머뭇거리며 대답을 했습니다. "엄마가 생각하는 나쁜 곳이 아니에요. 친구들도 많이 가고, 친구들과 대화할 때 대부분이 게임 이야기인데 저는 거기 낄 수가 없었어요. 한 번 해보니 재미있고 그래서 자꾸 생각이 나서 가게 되었어요. 죄송해요."

　제가 자랄 때 우리 부모님은 PC방, 오락실이 나쁜 곳이라고 가지 못 하게 해서 저는 가본적이 없었습니다. 가만히 주위를 둘러보니 요즘은 주위에 꽤 많은 아이들이 집에 게임기가 있고 친구들과 함께 게임을 하면서 놀고 있었더군요. 편견을 가지고 무조건 차단을 한 것이었습니다. 제가 자랄 때와 요즘 아이들 자랄 때가 다르고 그만큼 문화가 달라지고 세상은 변했는데, 저는 모르고 있었던 것이었습니다. 아니, 사실 알지만 싫어하고 제가 받아들이지 않았던 것입니다. 그래서 큰맘먹고 게임기와 컴퓨터를 사줬습니다. 게임을 하고 컴퓨터를 하면 큰일 날 것 같이 불안했지만 이것은 요즘 아이들 놀이 문화였습니다.

　이후로 첫째 아들은 거짓말을 할 일이 없었고 저 또한 오픈마인드로 아이 입장에서 이해하려 노력하고 있습니다. 사춘기가 극심하게 찾아오는 중2병, 제 아들도 중2라 그런지 가끔 반항할 때도 있습니다. 그래도 아직은 품에 폭폭 안기고 사랑한다고 자주 말합니다. 고민이 생기면 대화하자고 방에 들어와 안기곤 합니다. 공부하기 싫다고 할 때마다 "하지마. 안

해도 돼. 학원 좀 쉴래?"라고 얘기하면, "엄마 그렇게 말씀하시는 것보다는요. 힘내서 열심히 하자고 달래주시는 게 좋아요."라고 합니다. 그럼 어르고 달래면서 맛있는 야식을 시켜줍니다. 그러면 행복하다고 힘난다고 하는 우리 첫째 아들입니다.

주말에만 게임을 허용해주고 평일엔 절대 안 된다고 했는데, 평일에도 머리 식힐 겸 친구들과 가끔 하겠다고 해서 아들과 협상을 했습니다. 만약 해야 할 숙제나 공부가 제대로 안되면 컴퓨터와 핸드폰을 압수하겠다고 한 것이죠. 그리고 약속을 지키는지 지켜봤습니다. 용케도 해야 할 일들을 잘하면서 간간이 헤드셋을 끼고 친구들과 신나게 게임을 합니다. 그 행복해하는 모습을 보며 또 다시 한 번 느끼고 배웁니다. 나만의 편견으로 아이를 내 틀 안에 가두면 안 된다는 것을요. 아이의 입장에서 생각하고 아이가 선택하게 해서 그 결과에 대해 책임을 질 수 있도록 해야 한다는 것을요.

아이들과 협상할 때는 아이들처럼 생각해야 한다.
_스튜어트 다이아몬드, 『어떻게 원하는 것을 얻는가』

아이와의 협상에서 핵심은 아이의 머릿속 그림에 대해 솔직하게 대화하는 것입니다. 아이가 표현을 잘하지 못한다고 해서 생각이 없는 것이 아닙니다. 혼날까 봐, 어떻게 설명해야 할지 몰라 대화가 잘되지 않을 수 있습니다. 이때에도 재촉하거나 윽박지르지 않고 질문을 해야 합니다. 부모는 아이를 충분히 관찰하고 태도가 무엇을 말하고 있는지 충분히 대화하고 알아내야 합니다. 문제가 생기면 아이와 상담하세요. 가능한 자주 아이의 의견을 결정에 반영하세요. 그러면 아이는 부모를 신뢰할 수 있게 됩니다. 아이는 부모가 자신의 의견을 존중할 때, 가족의 일원으로서 사랑받고 있다는 느낌을 받습니다.

 임현정 작가의 한 마디

아이는 부모를 힘들게 하기 위해 태어난 존재가 아닙니다.
아이가 반항을 하거나 엄마 말을 안 들으면 질문을 먼저 해 보세요.
아이와 최고의 협상법은 질문하는 것입니다.
대화하면서 아이의 마음을 잘 들여다보세요. 다 이유가 있답니다.

내 아이의
천재성 지키기

"가장 개인적인 것이 가장 창의적인 것이다."

2020년 아카데미 시상식에서 봉준호 감독의 수상 소감 중 나온 메시지입니다. 봉준호 감독은 영화 '기생충'을 통해 명실상부 세계적인 거장으로 인정받았습니다. 천재 감독으로 평가받는 봉준호 감독의 수상 소감은 어떠한 의미를 가지고 있을까요?

"가장 나다운 것이 가장 경쟁력 있다."라고 바꿔서 말할 수 있을 것 같습니다. 우리 모두는 오직 자신만이 할 수 있는 능력을 가지고 태어납니다. 내 아이만이 가지고 있는 강점이 있다는 것이지요. 그 강점을 찾아 꾸준히 개발한다면, 어떤 누구도 흉내 낼 수 없는 강력한 무기를 가지게 될 것입니다. 그렇기 때문에 아이가 가지고 있는 천재성을 잘 발견하고 지켜 내는 것이 중요합니다. 아이에게 적절한 동기부여가 제공되어야 할 것입니다. 하지만 타인의 기준에 의해 잘못된 정보와 환경이 주어진다면 그 천재성은 점점 사라지게 되는 것이지요. 만약 봉준호 감독이 자신의 롤 모델인 마틴 스코세이지 감독과 똑같이 생각하고 똑같은 영화를 만들고자 했다면, '기생충'이라는 명작(名作)이 나올 수 있었을까요? 그렇지 않았을 겁니다. 롤 모델처럼 비슷하게 될 수는 있지만, 롤 모델과 똑같을 수는 없습니다. 내 아이만이 가지고 있는 강점을 찾아 하나밖에 없는 존재가 될 수 있도록 도와줘야 합니다. 세상에서 유일무이(唯一無二)한 새로운 롤 모델이 탄생하는 것이지요. 그럼 부모는 무엇을 해야 할까요?

우선 내 아이는 전 우주를 통틀어 단 하나밖에 없는 '대체 불가능한 존재'라는 것을 인정해야 합니다. '대체 불가능한 존재'임을 마음 속 깊은 곳에 새겨둔다면 아이를 있는 그대로 볼 수 있을 겁니다. 어머니께서 바나나를 좋아한다고 아이도 바나나를 좋아할까요? 아버지께서 수학에 뛰어난 재능을 가지고 있다고 해서 아이도 똑같이 잘할 수 있을까요? 섣불리 판단해서는 안 될 것입니다. 아이만이 가지고 있는 고유한 능력이 있을 테니까요. 김용규 작가의 『숲에게 길을 묻다』에서 "나는 생명의 귀하고 소중한 특성을 바로 대체 불가능성에서 찾습니다."라는 문장이 나옵니다. 어떤 누구와도 대신할 수 없는 우리 아이의 소중한 특성을 타인의 기준으로 판단해서는 안 됩니다. 설령 부모와 자녀가 너무 달라 서로를 이해할수 없다하더라도 있는 그대로 이해해줄 수 있어야 합니다.

> "우린 흔히 가장 가까운 사람들조차 도울 수 없다. 무엇을 주어야할지도 모를뿐더러 대부분 주는 것은 상대방이 원하지도 않는 것들이다. 그들이야말로 우리가 함께 살아가고 알아가야 하는 존재들임에도. 때론 그들이 우리를 피할지라도 여전히 그들을 사랑할 수는 있다. 우리는 완전히 이해할 수 없어도 완벽하게 사랑할 수 있다."
>
> _영화 <흐르는 강물처럼>

대체 불가능한 존재임을 이해했다면, 아이의 자존감을 높일 수 있는 행동을 하셔야 합니다. 자녀의 자존감에 가장 많은 영향을 주는 것은 부모의 대화 방식임을 기억해야 합니다. 가족 상담을 하다보면, 어머니께서 자녀에게 사용하는 말투를 듣게 됩니다.

"그렇게 행동하는데 동생이 뭘 배우겠어?"

"이 점수로 뭐가 되려고 그러니?"

"누구누구는 수학 점수 몇 점 나왔다고 하는데, 너는 같은 학원을 다니는데도 점수가 왜 그래?" 등 무의식적으로 내 뱉는 말은 아이의 얼굴을 붉히게 만들고, 끝내 아이는 "짜증나"라는 말을 하게 됩니다. 부모 입장에서 아이를 위해 하는 말이겠지만, 중요한 것은 결코 도움이 될 수 없다는 겁니다. EBS '학교란 무엇인가'라는 프로그램에서 상위 0.1%의 비밀에 대해 다룬 적이 있습니다. 상위 0.1% 학생들의 공통점은 자존감이 높다는 것인데요. 특히 부모와의 대화를 통해 아이의 자존감은 달라질 수 있다는 것입니다. 세계적이 심리학자인 웨인 다이어 박사의 『아이의 행복을 위해 부모는 무엇을 해야 할까』란 책을 보면, 다음과 같은 글이 나옵니다. "아이의 자존감은 부모가 평소에 보여주는 말이나 행동을 통해 만들어진다." 자녀와 대화를 할 때, 주로 어떤 말을 하는지가 매우 중요하다는 것입니다.

자존감(自尊感)이란 자아존중감(自我尊重感)의 준말로 자신을 사랑하고 존중해주는 자기애를 의미합니다. 자신 내부의 성숙된 사고와 가치에 의해 얻어지는 것으로 타인으로부터 자신의 품위를 지키거나 높이는 마음인 자존심(自尊心)과는 약간의 차이가 있습니다. 그렇다면 자존감이 왜 그렇게 중요할까요? 만약 높은 자존감을 가지고 있다면 스스로 자신을 사랑하는 마음을 갖고 있다는 것입니다. 자신의 존재 이유에 대해 긍정적인 생각을 하게 되겠죠. "나는 괜찮은 사람이야. 그러니까 내가 조금만 더 열심히 하면 좋을 결과를 만들 수 있을 거야."와 같이 어떤 상황에서도 자신감을 가지고 좋은 결과를 만들어 낼 수 있을 겁니다. 또한 자신을 존중하는 것과 같이 타인을 존중하고 함께 성장하려는 마음과 태도를 보일 겁니다. 따라서 타인과 원만한 관계를 맺을 것이며, 선한 영향을 전해줄 수 있을 겁니다. 그래서 자존감이 높을 경우, 첫째 학습 성취도가 향상되고, 둘째 리더십 역량이 강화되며, 셋째 공감능력이 향상될 수 있습니다. 따라서 평소 부모의 말과 행동은 자녀들에게 매우 중요하다는 것을 알 수 있을 겁니다.

그럼 자녀의 자존감을 높이기 위해서는 어떻게 해야 할까요? 일단, 부모가 먼저 자신의 기준을 버리고 잘 들어줄 수 있어야 합니다. 아이에게도 본인 스타일이 있고 자기만의 생각이 있는데, 부모의 방식대로 변화시키려고 하는 것은 잘 못될 수 있습니다. 따라서 부모 자신의 생각을 강요하기보다 아이가 하는 말에 귀 기울일 수 있어야 합니다. 좋은 대화를 나누기 위해 우선 필요한 것은 잘 들어주는 것입니다. 경청(傾聽)을 해야 하는 것인데요. 경청은 기울 경(傾)자와 들을 청(聽)의 한자로 구성되어 있습니다. "상대방에게 다가가 잘 들어야 한다."로 여기서 들을 청(聽)의 한자를 자세히 보면 다음과 같은 의미를 전해주고 있습니다. '왕의 귀와 10개의 눈으로 온 마음을 다해 듣는 것'으로 말을 잘하는 것도 중요하지만 우선 잘 듣는 것이 선행될 때, 효율적인 의사소통을 할 수 있다는 겁니다. 자녀와의 대화 시 무조건 잘 들어줘야 합니다. 그리고 중요한 것이 바로 공감적 반응입니다. 말의 표면적인 의미에 집중하기보다, 말하고 있는 아이의 마음을 볼 수 있어야 합니다. "지금 어떤 마음으로 내게 얘기하고 있는 것일까?", "현재 우리 아이는 이런 마음이겠구나." 등을 생각할 수 있어야 하는 것입니다. 그래서 아이가 부모와 다른 생각의 얘기를 하더라도 우선 공감해줘야 합니다.

"이렇게 생각하고 있다는 거지."
"그랬구나, 우리 OO는 이런 생각을 가지고 있구나."
"그럴 수 있지."와 같이 자녀가 한 말을 다시 한 번 얘기하며, 공감해줄 수 있어야 합니다. "그 생각은 잘 못된 것 같은데."
"선생님 시킨 대로 했어야지. 잘못했네."
"이렇게 하면 좋을 것 같은데."등의 비판과 설득으로 아이를 대하려는 것은 바람직하지 않습니다. 평소 비판과 설득의 방식으로 자녀와 대화를 나눴다면, 아마도 아이는 부모와 대화하는 것을 좋아하지 않을 것입니다. 또한 부모가 자녀의 얘기를 귀 담아 듣지 않았다면, 아이의 자존감은 낮아질 가능성이 높습니다. 그렇다고 무조건적으로 받아주라는 것은 아닙니다. 아이의 말이 아무리 생각해도 잘 못 되었다면 개방형으로 질문하는 것이 좋습니다.

"엄마는 이렇게 생각하는데, 거기에 대해 OO는 어떻게 생각할 수 있을까?" 등의 방식으로 아이가 다양한 관점에서 생각하고 판단할 수 있도록 하는 것이 좋습니다. 이처럼 부모의 기준을 버리고 경청하며, 공감적 반응을 한다면, 자녀는 부모와의 대화가 즐거울 것입니다. 자신과 타인을 사랑하고 존중하는 마음을 가지게 될 것입니다.

아이의 자존감을 키우는 부모의 역할이 거창한 것 같지만 아이의 말을 들어주고, 아이의 마음을 알아주고, 아이에게 물어보고, 아이의 말에 공감하고 반응하는 것이면 충분합니다.

_임영주, 『우리 아이를 위한 자존감 수업』

 홍재기 작가의 한 마디

내 아이의 행복한 삶, 성공적인 삶을 원한다면, 자녀가 가지고 있는 완전함을 믿으세요!
그리고 평소 부모의 말과 행동이 내 아이 자존감에 영향을 주고 있다는 것을 기억하세요!

엄마의
사랑 처방전

나는 학원에 학생들이 오면 "밥은 먹고 오는 거니?"라고 묻습니다. 혼낼 때는 "니들 오늘 국물도 없을 줄 알아!"라고 말했다가 칭찬할 땐 "너 선생님이랑 담에 밥 한번 먹자"로 마무리하곤 합니다. 학생들에게 "밥은 먹었니?", "배 안 고프니?" 이렇게 물어보면 "배고파요!"라고 대답합니다. 아이들은 늘 배고파합니다.

결혼 전 학원 강사 시절엔 배고픈 아이들을 잘 이해하지 못했습니다. 공부하기 싫어서 일부러 배고프다고 말하는 것으로 생각하기도 했었죠. 그런데 결혼하고 아이를 낳아 키워보니 알겠더라고요. 아이가 방과 후에 집에 오면 가방 던지자마자 내뱉는 첫마디가 "엄마, 배고파!"였습니다. 그 후로 아이들을 이해하게 되었어요. 아침부터 학교에서 시달렸다가 곧바로 학원 와서 공부해야 하는 아이들! 이 아이들을 즐겁게 공부시키려면 일단 먹여야 했습니다.

에이브러햄 매슬로(Abraham Maslow)는 '매슬로의 인간 욕구 5단계 이론'에서 인간은 가장 기초적인 생리적 욕구가 충족되어야 그다음 단계인 안전 욕구, 애정 욕구, 존경 욕구, 자아실현 욕구를 차례로 만족하려 한다고 말한 바 있습니다. 생리적 욕구인 숨을 쉬고 밥을 먹고 자는 등 기본적인 욕구가 충족되어야만 그보다 더 높은 수준의 욕구가 생긴다는 거죠.

일단 배고픔이 사라지면 거친 아이들도 순한 양으로 변합니다. 그리고 말도 잘 듣고 공부도 열심히 합니다. 금강산도 식후경! 우리나라는 모든 것이 밥으로 통하는 아! 대한민국 아니겠습니까? 우리가 소중하게 여기는 식구(食口)도 밥(食)을 나눠 먹는 입(口)에서 유래합니다. 화목(和睦)한 가정이 되려면 가족이 함께 모여서 밥을 먹는 일이 많아야 합니다. 화(和)는 벼 '화(禾)'자와 입 '구(口)'자가 합쳐져서 생긴 말입니다. 쌀밥을 나눠 먹는 일이 많아야 화목한 가정이 된다는 뜻을 내포하고 있는 것이죠. 밥을 자주 먹지 않으면 기운도 나지 않습니다. 기운 '기(氣)' 안에도 쌀 '미(米)' 자가 들어 있거든요. 쌀밥을 자주 안 먹고 즉석식품(fast food)을 자주 먹으면 기운이 떨어지는 이유입니다. 그런데요, 나는 왜 이렇게 밥 이야기를 장황하게 하는 걸까요? 여러분도 잘 알다시피 '밥'이 무척 중요하기 때문입니다.

학교 급식을 먹던 딸아이가 고3이 되더니 도시락을 싸달라고 했습니다.

"엄마, 경진이가 도시락을 싸 오니까 한두 명씩 도시락 먹는 친구들이 늘었는데, 나도 도시락 싸줄 수 있어요?" 그렇게 도시락을 며칠 싸주던 어느 날 나는 딸에게 물었습니다.

"채리야, 엄마 도시락이 맛있어? 아니면, 급식실 밥이 더 맛있어?"
"둘 다 맛있어요. 근데 희한한 게 급식실 밥은 먹고 나면 금방 배고파지거든요? 이상하게 엄마 도시락은 든든해요. 저녁까지도 속이 꽉 찬 느낌이에요."

나는 아이랑 다툼이 있어 마음이 상해도 밥 메뉴는 친절하게 물어봅니다.
"오늘 저녁은 기분도 꿀꿀한데 짜장면 어때?"
"헉, 엄마 나도 방금 그거 생각했는데, 우리 탕수육도 먹자!"
"콜~~~!"

살다 보면 그런 날이 있지요, 계란말이에 소세지 구워놓고 내가 네 편이라 말해 주고 싶은 날. 당연한 것 하나 없는 세상에. 누군가에게는 당연한 사람이 되어 주고 싶은 날. 얼큰칼칼 볶음 찬에 배가 불러도 자작하게 남은 양념에다 밥 한 공기 뚝딱 비벼 먹게 만드는 찌개들, 마무리로 내놓으면은 순식간에 사라지는 마법의 디저트까지 마음 편한 맛으로 한 상 차려 가득 준비했으니까요….

_마포농수산쎈타, 「밥 챙겨 먹어요, 행복하세요」

우리 엄마들의 마음은 다 같을 거예요. 쌔근쌔근 잠잘 때도 예쁜 내 아이, 오물오물 맛있게 먹는 것도 세상 예쁜 내 아이. 엄마가 자식을 향해 짓는 밥보다 더 소중한 것은 없습니다. 밥심이 최고입니다.

 고민서 작가의 한 마디

따뜻한 한 끼의 밥은 우리의 몸과 마음을 든든하게 채워줍니다.
따뜻한 밥을 먹으며 아이와 곰살맞은 대화를 나누어 주세요.
그 공간 속에서 아이는 엄마의 사랑을 진하게 느낍니다.

PART
IV

성공적인 입시를 위한
부모가 알아야 하는
것들

우리 학생들에게 근본적으로 필요한 절대역량은
한자를 기반으로 한 국어이해와 풍부한 독서량입니다.
무엇인가를 사고할 능력을 미리 갖추게 한 다음에야
비로소 진로탐색의 기회를 제공해야할 것입니다.

진로 탐색은
단순히 다양한 직업군들을 알아나가는 과정을 넘어서,
해당 직업군이 학생 본인의 어떤 특성과 어울리는지를
매우 고차원적으로 파악하고
선택해야하는 고급 활동입니다.

단순히, 학생들이 고등학생이 되었음에도
진로를 찾지 못하고 있음을 단편적으로 비난하기보다는
어릴 적부터 진로를 탐색할만한 힘을 길러주는 데
국가적 역량을 다해야할 것입니다.

극한의 상황에
자신을 두는 용기

우리 아이들이 공부를 해나가는 과정에서, '더 많은 의지와 목표의식'을 가지길 바랍니다.

하지만 많은 학생들이 자기 주도적인 목표를 갖고 있지 않다는 겁니다.
'나는 여기까지인가 봐'라는 자조적인 판단을 하기도 합니다.
우리 아이들이 공부든 운동이든 무엇이든,
철인 수준의 의지를 가지기 위해서 필요한 것은 무엇일까요?

저는 주변인들로부터 '집요하다, 책임감 있다, 끝장을 본다.'라는 표현을 많이 듣고는 합니다. 무슨 이유인지는 모르겠지만, 하나에 몰입하면 끝날 때까지 집중을 하는 성향이 있는 것 같습니다. 흔히 말하는 승부욕이 높아서인지, 지는 것이 싫고 만약에 지더라도 제 자신에게 당당할 정도로 최선을 다하는 모습을 가지고 있습니다.

2019년에 '세종시 철인3종 경기'에 참가한 적이 있습니다. 철인3종 경기는 1.5㎞ 수영, 40㎞ 사이클, 10㎞ 달리기를 3시간 30분 내에 완주해야하는 극한의 스포츠입니다. 경기에 참가하기 위해 많은 훈련을 해야 하며, 충분한 체력을 만들어야 합니다. 수많은 모의 완주 경험을 겪어야만 실전에 참여할 수 있을 정도로 가벼운 운동이 아닙니다.

수영을 전혀 하지 못하는 상황에서, 지인의 권유로 철인3종 운동을 시작하게 되었고 6개월간 혹독한 훈련을 거친 후 세종시 철인3종 경기에 참여하게 되었습니다. 모든 것이 낯설었고 두려움도 있었지만, 그 동안의 혹독한 훈련을 떠올리며 기세 좋게 경기에 참여하였습니다. 1.5㎞ 수영을 무사히 마치고 40㎞ 싸이클을 시작하였습니다. 불행히도 10㎞ 구간 내리막길에서 시속 50㎞ 정도의 상태에서 낙차 후 큰 부상을 입게 되었습니다. 이마와 코가 깨지고 손가락 몇 개가 부러졌으며, 손목인대가 끊어지는 큰 부상이었습니다. 왼팔이 온통 피로 가득 찼고 몸은 만신창이가 되었습니다. 하지만 신기하게도 기이한 각도로 꺾여있는 손가락을 보며, 다시 손가락을 맞추고 완주해야겠다는 집념 밖에 없었습니다. 지금 생각해도

'그 정도로 간절했을까'싶을 정도로, 나름 불굴의 의지를 다졌던 것 같습니다.

사고가 나는 순간, 부상에 대한 염려와 '살았다'라는 안도감을 가졌지만, 동시에 그 동안 운동해온 시간과 노력들이 스쳐지나갔습니다. 일하는 시간을 쪼개어 정말 힘들게 운동을 하였었고, 완주 후 환호하는 저의 모습을 언제나 떠올렸기 때문에 중도 포기란 있을 수 없었습니다. 지금 생각하면 정말 아찔하지만, 꺾인 손가락을 혼자서 대충 맞추고 자전거에 다시 타서 싸이클을 완주하였습니다. 싸이클 이후 달리기 구간 전에, 당연히 주최 측에서 저를 강제로 대회장 의료시설로 데려갔고 치료를 시작하였습니다.

너무 큰 부상이었기에 담당 의사도 매우 당황해하였고, 치료하는데 꽤 많은 시간이 소요되었습니다. 이 와중에서도 머릿속에는 온통 완주하고자 하는 의지밖에 없었기에, 부상은 고통스러웠지만 치료 과정이 정말 답답했습니다. 지금까지의 훈련패턴에 비춰본다면, 이 정도의 시간 지체는 탈락으로 이어질 수 있기 때문에 의료진의 만류에도 불구하고 그냥 뛰쳐나와 10㎞ 달리기를 시작하였습니다. 주최 측에서도 저를 말릴 수 없다는 판단을 하셨고, 주최 측 인원이 자전거로 저를 따라오며 혹시나 쇼크가 올 것에 대한 대비를 해주셨습니다. 만신창이가 된 몸을 이끌고 10㎞ 달리기를 완주하였고 결국 3시간 29분 57초라는 기록으로 목표달성을 하였습니다. 주최 측 인원들이 달려오셔서 축하와 치료를 함께 해주시며, '이런 미친 상황은 겪어보지 못했다'고 말씀해주셨습니다. 그러면서 완주는 축하하지만 앞으로 다시는 안전을 위해서라도 이러한 행동을 하지 말라고 신신당부해주셨습니다.

대회 이후 수술을 진행하였고 치료과정도 사실 많이 고통스러웠습니다. 하지만 이러한 혹독한 경험은 인생을 살아감에 있어 최고의 깨달음과 무기라고 생각합니다. 또한 불굴의 의지로 역경을 극복한 제 자신이 정말 자랑스러웠습니다. 그리고 이 날 이후 힘든 순간이 발생해도 '내가 아파해야할 만큼의 통증인가?'라고 생각하며, 웬만한 일에는 끔쩍도 하지 않을 만큼의 단단한 심지(心志)를 얻게 되었습니다. 누군가에게는 포기의 순간일 수도 있지만, 철인3종의 경험을 통해 더 높은 목표를 갖게 되었고, 어떤 장애물도 극복해낼 수 있는 강한 의지를 스스로 다질 수 있게 되었습니다.

우리 학생들이 목표를 세우고 공부를 해나감에 있어, 수많은 시련과 고난이 수반될 수 있습니다. 오랜 시간 학생들을 지켜온 바에 의하면, 요즘 학생들에게는 역경을 극복할 만한 의지를 기를 수 있는 기회가 많지 않은 것 같습니다. 저(低)출산 분위기에서 아이들은 더욱 귀하게 자라다보니, 극한 환경에 처한 일도 훨씬 적어지고 있는 상황입니다. 공부를 잘하기 위해서는 물론 교과 이해도 매우 중요하겠지만, 공부하는 과정에서 접하게 되는 걸림돌을 어떻게 넘어설 것인가에 대한 의지도 매우 중요합니다. 어려운 개념을 이해하거나 많은 분량의 내용을 암기해야할 때, "너무 많아, 너무 어려워, 나는 못해"와 같은 낮은 수준의 자기 확신을 범하는 경우가 적지 않습니다.

학원에서 학생들을 지도하며, '불굴의 의지'를 강조합니다. 평소 학생들은 하루에 15시간 이상의 업무를 하는 제 모습을 쉽게 보게 됩니다. 그래서 인지, 제 앞에서는 '힘들다'는 표현을 거의 하지는 않습니다. 아마도 그런 말을 하는 것이 민망하게 느꼈을 것 같습니다. 원장이 먼저 열심히 노력하는 모습을 보여주고, 더 나아가 학원에서는 다양한 프로그램으로 학생들을 독력하고 있습니다.

'함께 독서여행을 떠나며 7시간 이상씩 책 읽기에 몰입하는 훈련'을 진행하였으며, 내신기간 전교1등 프로젝트로서 '시험 5주 전부터 매주 일요일 학원에 나와 8시간 이상 학습하기'등을 통해 평균 이상의 학습량을 갖는 습관을 만들고 있습니다.

중등부까지는 평균적인 의지로도 어느 정도의 결과가 나올 수 있지만, 고등부에서는 어림도 없는 일입니다. 고등부 내신은 중등부 대비 평균 5배의 분량을 자랑하기 때문에, 고등부학습에 적합한 교과수행능력과 의지가 매우 중요합니다. 이 의지는 단순히 공부 경험만으로는 완성되지 않습니다. 공부뿐만 아니라 다양한 경험을 통해 입시를 치룰 수 있는 자세를 갖추는 겁니다. 그렇다면 어떤 경험이 우리 아이들에게 도움이 될까요? 예를 들면 지리산을 완봉하거나 100㎞ 자전거 여행을 떠나는 일도 좋습니다. 또는 한강 스위밍 크로스 챌린지에 참여해보는 것도 놀라운 경험을 갖게 될 겁니다. 학생들이 온실 속에만 갇혀 있기보다, 스스로 극한의 환경에 노출되어 시련을 극복하는 과정을 느껴보는 시도가 필요합니다. 강한 금속은 수많은 제련을 통해 완성됩니다. 뜨거운 불에 달구고, 많은 망치질을 당하고, 또 다시 차가운 물에 식혀지는 반복되는 과정을 통해 훌륭한 결과물이 만들어지는 것이죠. 우리 학생들에게 이러한 경험은 입시에서 좋은 결과를 만들고 더 나아가 원하는 삶을 살아가는데 큰 버팀목이 될 수 있을 겁니다.

앞으로도 안전한 범주 내에서 학생들에게 필요한 지식과 지혜를 체험할 수 있도록 많은 노력을 기울이도록 최선을 다하겠습니다.

 이승현 작가의 한 마디

자신이 설정한 목표를 달성하기 위해서는 방법적인 노하우뿐만 아니라 불굴의 의지도 반드시 필요합니다. 단순히 책을 더 읽고 문제를 더 푸는 일차원적인 노력을 넘어서서, 학생 본인의 신체와 정신을 극한의 상황에 놓아보는 경험 또한 매우 깊진 의미를 지닐 수 있습니다. 물론 무조건적으로 위험한 환경에 처하라는 의미가 아닌, 학생들에게 적합한 신체적·정신적 성장을 돕는 경험을 의미하는 겁니다.

마음의 힘

평소에 우리는 '뭐든지 마음먹기 마련이야, 마음만 먹으면 무엇이든 할 수 있지'라는 말을 많이 듣습니다. 저 또한 '마음먹기에 따라 달라 질수 있다'는 말을 너무 좋아합니다. 마음먹기의 위력을 경험하기도 했기에 늘 신념처럼 생각하며 살아갑니다. 하지만 너무나 자주 듣는 말이기에 '마음의 힘'이라는 게 얼마나 크고 위대한지 그리고 어떤 면에서는 그것이 삶을 살아가는데 전부일 수도 있다는 것을 느끼지 못할 것 같습니다.

학원을 오랫동안 운영하다보니 학원운영에 관한 강연을 할 때가 있습니다. 제가 하고 있는 실제 운영사례들을 자세히 안내해 드리기도 하는데요. 그 때마다 저는 늘 '마음먹기'를 강조합니다. 저의 경험으로 비추어보면 무엇인가를 할 때 대부분 시작의 첫 번째가 마음먹기였습니다. 물론 누구나 그렇겠지요? 하지만 저는 조금 더 의식적으로 구체적이고 강한 마음먹기를 하는 편입니다. 그래야 그 마음이 쉽게 흔들리거나 포기하지 않게 되더라고요.

십 수년 전 프렌차이즈 영어공부방을 운영할 때 본사에서 교육정보를 알려주는 교육이 많이 있었습니다. 1인 공부방을 운영하며 살림과 육아를 병행하는 저와 같은 원장들은 그런 교육을 다 챙겨 듣기란 쉬운 일이 아니었지요. 하지만 지방에서 아이들을 가르치는 저로서는 그러한 교육정보가 너무나 절실했고 유익했답니다. 교육을 듣는 어느 날 문득 '내가 직접 우리 학부모들에게 교육설명회를 해볼까?'라는 마음이 생겨났습니다. 그리고 그 생각만으로도 가슴이 두근거렸지요. 학부모들 앞에 서서 멋지게 프레젠테이션을 하는 모습을 상상하니 희망과 벅참의 떨림이 전해져 오기 시작했습니다. 하지만 막상 시도를 하려고 하면, '학부모들을 모시고 내가 과연 교육설명회를 할 수 있을까?'라는 걱정과 '굳이 안 해도 크게 문제되는 건 없잖아'라는 현실에 안주하고자 하는 유혹이 생겼습니다. 더군다나 본사에서 설명회를 위한 강사 지원도 해 주었기 때문에 직접 설명회를 하지 않아도 됐었지요. 그래도 이미 제 마음은 해보고 싶다는 쪽으로 기울여졌고 결국 마음을 단단히 먹게 되었습니다. 물론 첫 교육설명회 진행을 준

첫 설명회 때 모습

비하면서 어려움도 많았습니다. 자료를 수집해야했고 프레젠
테이션에 익숙하지 않은 저에게 아무리 좋은 자료가 있다하
더라고 잘 전달하는 연습이 필요했습니다.

　수업이 끝나면 열심히 자료를 모으고 익숙지 않았던 PPT도
만들었습니다. 그리고는 주말마다 3살 딸아이와 남편 앞에서
리허설도 하며 만발을 준비를 했습니다. 오직 나의 일을 더
멋지게 잘해내고 싶은 마음 하나로 힘든 준비과정을 해낼 수
있었습니다. 그렇게 열심히 준비한 결과 다행히도 첫 설명회
를 잘 마쳤고 학부모들로부터 좋은 피드백을 받았습니다.

　한 어머니의 잊지 못할 말씀이 아직도 기억납니다. 이렇게
지방에서 공부방을 하고 있는 게 아깝다며 앞으로 큰 사람이
될 것 같다고 하셨지요. 물론 조금 과장해서 기분 좋게 해주

300여명 학원장 앞에서 강연하는 모습

신 말이었을지는 몰라도 그 말을 들었을 때 그동안의 힘듦이 한 번에 보상받는 느낌이 들었습니다. 무엇보다 '과연 내가 할 수 있을까?'했던 그런 일을 해낸, 제 자신이 참 자랑스러웠고 만족스러웠습니다. 그렇게 시작된 첫 설명회를 계기로 나중에는 조금 더 능숙한 행사를 할 수 있었습니다. 또 정기적으로 설명회를 열면서 제 자신뿐 아니라 학원도 성장하는 계기가 되었습니다. 그리고 나중에 이러한 경험을 토대로 학원 운영 노하우라는 주제로 300명가량의 원장들 앞에서 강연을 하기도 했습니다.

그렇다면 마음먹기는 어떻게 해야 할까요? 더구나 구체적이고 강한 마음먹기는 더 어렵게 느껴질 수 있겠지요? 이럴 땐 자신이 '바라고 원하는 모습을 상상해보라'고 말하고 싶습니다. 작든 크든 자신이 좋아하고 하고 싶은 것들을 상상해보는 거예요. 그러려면 '무엇을 해야 할까?' 고민해보며 조금씩 구체적인 것들로 좁혀나가면 됩니다. 다시 말해 자신이 원하는 모습을 강한 마음먹기라고 하면 그것을 위해 실천할 것들은 구체적인 마음먹기로 해 나아가는 겁니다. 그러다가 힘들고 어려움이 오면 내가 상상했던 나의 모습을 다시 꺼내보며 힘을 내어 보는 겁니다. 물론 원하는 결과물이 나오지 않을 수 도 있어요. 하지만 분명한 건 그로 인해 성장의 경험을 가질 수 있다는 것을 잊지 말아야 합니다. 위의 제 이야기처럼 말이죠.

얼마 전 학원에 상담을 오셨던 초등학생 학부모께서 아이가 공부하는 걸 싫어한다고 걱정을 하셨습니다. 저는 너무나 당연한거 아니냐고 반문을 했지요. 중·고등학생도 아니고 초등학생이 스스로 공부하려고 하는 아이들이 얼마나 되겠습니까?

그럼 초등학생들에게 공부하고자 하는 마음먹기는 어떻게 해야 생기는 걸까요?

저는 아이들에게는 부모나 선생의 도움이 필요하다고 생각합니다. 어른과 달리 아이들은 자신이 어떤 사람이 되고 싶고 무엇을 해야 하는지 잘 알지 못 합니다. 설령 이루고 싶은 꿈이 있다하더라도 지금 무엇을 해야 하는지 잘 모를 수도 있습니다. 저는 아이들이 즐거워 할 수 있는 꺼리를 많이 경험하게 하는 것이 중요하다고 생각합니다. 이 말은 무조건 놀게 하라는 것이 아닙니다. 하기 싫은 공부를 억지로 하게 하기보다는 공부를 하면 혹은 공부를 하는 척이라도 하면 즐거움이 생기는 경험이 중요하다고 봅니다. 그러나 그 즐거움은 눈에 보이는 선물과 같은 보상보다 아이들 입장에서 느낄 수 있는 즐거움이어야 합니다.

우선, 제가 생각하는 초등 아이들의 즐거움은 친구입니다. 친구와 학원 오가는 길의 즐거움, 함께 공부하는 즐거움 등은 매우 의미가 크다고 할 수 있습니다. 또한 선생님께 칭찬받는 즐거움도 있지요. 혹은 공부를 하면서 얻게 되는 물질적인 보상에도 즐거움을 느낍니다. 이런 작은 즐거움을 계기로 꾸준히 학습을 했을 때 자연스럽게 성적이 향상되고, 자신감이 생기면서 배움의 본질적인 즐거움을 알가가게 됩니다.

학원에서 많은 아이들을 경험해본 바, 처음부터 공부 자체를 즐겁고 재밌어 하는 아이는 본 적이 없는 것 같습니다. 아이들은 어른과 반대로 즐거움을 얻을 수 있는 구체적이고 작은 미션들을 통해 해봐야겠다는 마음먹기를 갖게 하는 겁니다. 그리고 점점 더 큰 꿈을 위한 마음먹기를 하도록 해주는 것이 효과적이라는 것이죠.

> 인생의 승패는 한 사람이 가진 '마음의 힘'이 얼마나 강한가에 따라 결정됩니다.
>
> _박성혁, 『이토록 공부가 재미있어지는 순간』

우리는 '마음의 힘'을 믿어야 합니다. 저는 제 삶을 가치 있게 만드는 마음가짐과 그 믿음이 얼마나 중요한지 그것이 저를 얼마나 성장하게 했고 삶을 소중하게 해 왔는지 느끼게 되었습니다. 또한 이러한 경험이 제 삶에 큰 원동력이 되고 있는 것 같습니다. 또한 이러한 경험이 바탕이 되어 우리 아이들에게도 마음먹기의 위대한 힘을 알게 해주려 노력하고 있습니다.

최선(最善)이란 말을 풀어보면 최고의 노력들만 모아 놓은 것에서 가장 으뜸가는 최고를 골라 다시 한 번 뽑아 놓은 '최고 중의 최고'라는 의미라고 합니다. 열심(熱心)이란 말은 '온 정성을 다 쏟아 골똘하게 힘쓰는 마음' 즉 '나로서는 이 이상의 정성은 결코 있을 수 없다'고 할 만큼의 노력을 다해 가슴에서 뜨거운 열이 날 만큼 놀랍도록 노력할 때만 쓸 수 있는 말이라고 합니다. 내 삶을 사랑하고 내 인생을 소중히 여기는 마음으로 내가 하고자 하는 일에 최선(最善)을 다해 열심(熱心)히 한다면 넘지 못 할 산은 없다고 생각합니다. 내가 가진 마음의 힘을 믿어 보세요.

 김홍임 작가의 한 마디

모든 것은 내 마음에서 나옵니다.
꼭 무엇이 되어야겠다는 목표보다 내 인생을 소중하게 여기는 마음으로
나를 성장시키는 것에 가치를 두고 정진하세요.
당신은 무엇이든 해낼 수 있습니다.

공부가
즐거워지는 순간

성공한 사람들에게는 남 다른 재능이 있다고 생각합니다. 그래서 "당신은 정말 축복 받은 재능을 타고 났군요."와 같이 얘기를 하며, 원래부터 갖고 있던 능력에 의해 당연히 성공할 수밖에 없는 것처럼 생각을 합니다.

설령 남다른 특별함을 가지고 있다고 하더라도 그것만으로 성공할 수 있을까요?

아마도 남들보다 빠른 성과를 보일 수는 있을 것입니다. 하지만 성공한 사람들은 재능보다는 지독한 노력을 통해 정상에 설 수 있었다고 말합니다. '농구천재'라고 불리는 허재 전 국가대표 감독은 자신에 대해 80%는 노력 덕분이라고 얘기하며, "100%가 있다면 1~20%는 선천성이고 나머지는 노력이 있어야 한다고 생각한다."라고 하며 노력의 중요성을 강조하기도 했습니다. 그렇기 때문에, 재능이란 인내와 끈기를 가지고 원하는 결과를 만들어 내는 사람에게 있는 것이 아닐까란 생각을 해봅니다. 그리고 우리는 위대한 사람들의 결과뿐만 아니라 그 과정도 함께 잘 살펴봐야 할 것입니다.

> 천재를 만나면 먼저 보내주는 것이 상책이다. 그러면 상처 입을 필요가 없다. 작가의 길은 장거리 마라톤이지 단거리 승부가 아니다. 천재들은 항상 먼저 가기 마련이고, 먼저 가서 뒤돌아보면 세상살이가 시시한 법이고, 그리고 어느 날 신의 벽을 만나 버린다. 인간이 절대로 넘을 수 없는 신의 벽을 만나면 천재는 좌절하고 방황하고 스스로를 파괴한다. 그리고 종내는 할 일을 잃고 멈춰서 버린다. 이처럼 천재를 먼저 보내놓고 10년이든 20년이든 자신이 할 수 있다는 생각으로 하루하루를 꾸준히 걷다 보면 어느 날 멈춰버린 그 천재를 추월해서 지나가는 자신을 보게 된다. 산다는 것은 긴긴 세월에 걸쳐 하는 장거리 승부이지 절대로 단거리 승부가 아니다.
>
> _이현세, 『인생이란 나를 믿고 가는 것이다』

그렇다면 어떻게 하면 포기하지 않고 그 험난한 과정을 극복할 수 있을까요?

자신이 정말 좋아하는 일, 가슴 설레는 일을 찾으면 됩니다. 정말 간절히 원하는 일을 한다면 시련과 고난이 찾아와도 견디어낼 수 있습니다. 그래서 공부하는 이유가 분명한 학생들은 쉽게 지치지 않습니다. 자신이 원하는 목표가 분명하기 때문에 자기 주도적으로 공부를 하려고 합니다. 또한 원하는 성적이 나오지 않더라도 다시 마음을 잡고 일어설 수 있습니다.

자신이 무엇을 좋아하는지, 사회에 나가 어떤 역량을 발휘하고 싶은지, 원하는 전공과 대학은 무엇인지 등 구체적인 목표를 갖는 것이 좋습니다. 나아가야 할 방향성을 가지고 있다면 공부는 자연스럽게 해야 하는 하나의 과정이 될 것입니다. 하지만 아이들이 자신에 대해 파악하는 것은 쉽지 않습니다. 초등학생 때는 새로운 것을 알고자 질문을 많이 하지만, 중학생이 되면 어느 순간부터 질문을 하지 않습니다. 선생님께서 알려준 정보와 지식을 습득하기에도 벅차기 때문일 겁니다. 간혹 호기심이 생겨 질문 하게 되면, "쓸데없는 소리 하지 말고 조용히 해!"라는 핀잔을 들을 수도 있습니다. 그렇다고 질문을 멈춰서는 안 됩니다. 앞으로 평균 수명 100세 이상을 바라보는 시대에서 무엇보다 자신이 좋아하는 일을 하며 살아야 행복하지 않을까요? 좋아하는 일을 했을 때, 더 잘 할 수 있으며 또한 그 시간은 즐거울 겁니다.

스탠퍼드대학교 교육대학원 부학장인 폴김 교수는 『RE:LEARN 다시, 배우다』에서 "예측이 점점 불가능해지는 미래에 대비하려면 더더욱 나 중심이 되어야 한다. '나 중심'이란 이기주의적 사고가 아니다. 내가 좋아하고 잘할 수 있고, 내가 질리지 않고 즐겁게 할 수 있는 일을 찾는 것이다. 그러려면 새로운 것을 많이 경험해봐야 한다."라고 했습니다. 막연히 머리로만 생각하는 것이 아니라, 직접 이것저것 시도해봐야 합니다. 특히 청소년 시기에는 자신의 미래에 대한 다양한 탐색이 매우 중요합니다. 내신과 입시 준비로 인해 꿈을 구체화시키는 시간이 부족하더라도 자신을 위해 투자를 해야 합니다. 사회에 나가 무엇을 할 때 보람 있고 즐거울 수 있는지에 대해 누구보다 심도 있게 고민하고 체험해 봐야 합니다. 다양한 시도를 하다보면 다리가 떨리는 일이 아닌 가슴이 뛰는 자신의 일을 찾게 되는 순간이 오기 때문입니다.

그런데 간절히 원하지 않지만 진짜 좋아하는 것으로 착각하는 경우가 있습니다. 어릴 적에 피아노가 너무 배우고 싶어, 1년 넘게 아르바이트를 해서 돈을 모은 적이 있었습니다. 정말 힘들게 돈을 모아, 피아노를 사려고 가게 앞까지 갔습니다. 하지만 살 수가 없었습니다. 왜냐하면 아깝다는 생각이 들었기 때문입니다. 그리고 한 참을 생각해보니, 진심으로 갖기 원했던 것이 아니라 피아노를 배우는 친구들이 부러웠던 겁니다. 부러움이라는 욕망을 마치 간절하게 바라고 좋아하는 것이라고 착각을 하고 있었던 겁니다. 무엇보다 간절하게 원하는 것이라면, 가진 돈을 모두 투자해도 아깝지 않을 겁니다.

어떤 목표를 반드시 이루고 싶으면 100번씩 되뇌며 100일간 해보면 된다. 100일 동안 잘 했으면 정말 자신이 원하는 목표가 맞다. 아니라면 스스로 그럴 만한 가치를 못 느끼고 중간에 그만두게 된다.

_김승호, 『생각의 비밀』

공부를 잘하다가도 잠시 한 눈을 팔거나 공부의 흥미를 잃게 되어 성적이 떨어지는 학생들을 볼 수 있습니다. "사춘기가 와서 그런 것 같아요.", "이번에 열심히 하면 괜찮아질 거예요."라고 하며, 나름 원인과 해결방법을 제시합니다. 잠시 넘어진 것으로 다시 노력해서 원위치로 돌아오면 좋겠지만, 한 번 떨어진 성적은 회복되지 못하는 경우도 있습니다. 1, 2등 하던 학생이 어느 날 상상도 못했던 성적표를 받게 된다면, 그 충격은 정말 감당하기 어려울 겁니다. 마음이 무너져 내리는 것과 같을 것입니다.

이럴 때 다시 마음을 다잡고 일어서려면 어떻게 해야 할까요?

"방심해서 실수했어."라는 말을 할 때가 있습니다. '방심(放心)'은 '마음을 놓다'로 마음이 흐트러진 것을 의미합니다. 인간은 완벽하지 못하기 때문에 늘 휘청거립니다. 그렇기 때문에 맹자는 '학문은 구방심(求放心)이다'라고 했습니다. 즉 학문은 잃어버린 마음을 찾는 과정이라는 것이죠. 책『이토록 공부가 재미있어지는 순간(박성혁)』에서 "공부는 '머리'로 하는 게 아니라 '마음'으로 하는 거라서, 공부로 놀라운 기적을 일으키고 싶다면 끊임없이 내 마음을 돌보는데 집중해야 한다는 것이죠."라고 했습니다. 즉, 마음이 안정되어 있지 않으면, 학습 효과는 떨어질 수밖에 없습니다. 우리는 어릴 적부터 '건강한 신체와 건강한 마음'이라는 말을 자주 들었습니다. 그런데 건강한 신체는 운동을 통해 만들 수 있지만, 건강한 마음은 어떻게 만들어야 하는지 자세히 배워본 적이 없는 것 같습니다. 흐트러진 마음을 잡고, 마음으로 하는 공부가 중요하다고 하는데, 마음공부를 어떻게 하는지 알 수가 없는 것이지요.

그렇지만 가만히 생각해보면 알 수도 있을 것 같습니다. 신체를 단련하듯 마음도 근육을 키우는 겁니다. 현재 내 마음의 상태를 들여다보고 무엇을 원하는지 꾸준히 들어보려고 노력하면 되지 않을까요. 그리고 공부가 왜 필요한지 자신에게 물어보는 것입니다. 공부하는 이유, 삶의 목적 그래서 지금 내가 해야 할 일이 무엇인지 계속해서 물어볼 수 있어야 하는 것이죠. 물론 학생들 중 삶의 방향성을 구체적으로 갖고 있는 경우는 많지 않습니다. 하지만 방향성에 대해 끊임없이 질문하는 것은 가능하며 그 과정을 통해 마음의 힘을 키울 수 있을 것입니다.

공부하는 이유를 찾고자 하는 학생들은 슬럼프가 와도 극복하기가 수월합니다. 자신이 원하는 목적 또는 롤 모델을 가지고 있어 공부를 통해 성장하는 삶을 살아갈 수 있기 때문입니다. 최악의 순간에서도 자신이 살아가야 하는 이유를 잃지 않기 때문에, 꿈을 위해 공부를 포기하지 않게 됩니다. 하지만, 반대로 공부를 왜 하는지 그 이유를 모르거나 그 이유에 대해 스스로 질문하지 않는다면, 슬럼프를 극복하기가 어려울 것입니다. 용돈을 받기 위해 공부한다면 순간 동기부여는 생기겠지만 그 열정은 오래가지 못하는 것과 같다는 것이죠. 따라서 재미있고 능동적으로 그리고 지치지 않게 공부 하려면, 순간의 보상을 위해 하는 공부보다는 공부를 통해 얻고자 하는 삶의 목적과 방향에 접근하기 위한 공부를 해야 합니다.

자녀가 사회에서 인정받고 빛나는 삶을 살기 바란다면, 공부의 이유를 스스로 찾게 해주세요. 공부를 통해 무엇을 하고자 하는지, 미래를 그릴 수 있도록 도와줘야 합니다. 공부를 왜 하는지에 대해 고민한 학생들은 자신이 좋아하는 일, 대학 지원 동기, 대학 졸업 후 하고자 하는 일 등에 대해 주저리주저리 잘 얘기합니다. 입시를 위해 만든 답변이 아닌 평소 가지고 있던 생각을 얘기하는 것이죠. 대학은 인생 전체를 보았을 때 하나의 과정입니다. 대학에 들어가는 것이 최종 목표가 아닙니다.

"뭘 할 때 즐거워?"
"좋아하는 일을 하기 위해서는 어떤 전공을 선택하면 좋을까?"
"원하는 대학에 입학하기 위해서는 어떻게 해야 할까?" 등의 질문을 통해 공부의 이유를 찾고 자기 주도적으로 공부 할 수 있게 해줘야 합니다.

"공부 잘해서 좋은 대학에 들어가야지. 좋은 대학에 못 들어가면, 더울 때 더운데서 일하고 추울 때 추운데서 일 하는 거야."와 같이 얘기하는 것은 좋지 않습니다.

어쩌면 우리 인생은 행복한 순간보다 좌절의 시간이 더 많을 것 같습니다. 성공의 경험보다 실수와 실패의 순간이 더 많이 찾아올 수 있다는 것이죠. 이럴 때, 우리 아이들은 어떻게 대처하기를 원하시나요? 65세에 빈털터리가 되고, 1,008번의 거절을 당하면서도 실패할 거란 생각은 단 한 번도 하지 않은 인물이 있습니다. 바로 세계적인 외식업체 KFC 창업주인 '커넬 할랜드 샌더스'의 인생 이야기입니다. 그는 "남들이 포기할 만한 일을 포기하지 않았다. 포기하는 대신, 무언가 해내려고 애썼다. 실패와 좌절의 경험도 인생을 살아가면서 겪는 공부의 하나다."라고 하였습니다. 자신이 진정으로 좋아하는 일을 한다면, 실패하더라도 실패를 교훈 삼아 성장할 수 있습니다. 그러니 좋아하는 일을 찾아야 하며, 배우기를 멈추지 말아야 합니다. 삶 속에서 앎과 실행이 반복될 때, 진정한 자신으로 성장할 수 있을 것입니다.

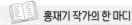 **홍재기 작가의 한 마디**

"나중에 커서 어떤 직업을 갖고 싶어?"라는 질문보다
"사회에 나가서 어떤 역량을 사람들에게 보여주고 싶어?"로 물어보세요.
직업이 아닌 하고 싶은 것에 대해 서술형으로 대답할 수 있도록 질문하는 것
이 좋습니다.
자녀가 무엇을 좋아하고 잘하는지에 대해 생각할 수 있도록 도와주시는 거
니까요.
그리고 무엇을 간절히 좋아하는지 모를 수 있으니 조급해하지 마세요. 계속
찾아가면 되니까요. 삶의 방향을 찾고 그 과정에서 공부의 중요한 의미를 깨
닫게 될 것입니다. 원하는 것을 찾기 위해 이것저것 시도하다 보면 가슴 뛰는
일을 하고 있는 자신을 발견하게 될 겁니다. 그리고 사람들은 우리 아이에게
이렇게 얘기하겠죠. "정말 재능이 뛰어나네요!"라고요.

한 우물만
파라?!

진로 상담을 할 때 학부모들의 가장 많은 고민은 "우리 아이가 이과인지, 문과인지 잘 모르겠어요."입니다. 우리는 고등학교 1학년을 마치기 전까지 문과냐 이과냐를 정해야 했습니다. 수능을 보기 전까지 이과나 문과 안에서 진로를 고민해야 했고, 한 우물만 열심히 파서 전문적인 직업을 갖길 바라는 시대였습니다.

현재 문, 이과가 통합되고 사회에서 바라는 미래형 인재는 융합형 인재입니다. 바로 레오나르도 다빈치 같은 인재를 원하는 시대라는 것이죠. 한 우물만 파서 될까요? 안됩니다. 우리 아이가 이과 성향이냐, 문과 성향이냐를 따지지 않으셔도 됩니다. 그렇다고 진로 방향을 정하지 말라는 것이 아닙니다.

한 쪽으로 편향되어 그 쪽으로만 집중해서는 안 된다는 것입니다. 더 쉽게 얘기하자면 다 잘해야 한다는 겁니다.

2022년 교육 개정안으로 초등학교부터 코딩교육을 시작하겠다고 교육부에서 발표를 했습니다. 코딩교육을 하겠다고 하니 학부모들은 다급한 마음으로 코딩학원을 보내고 C언어를 가르치시더라고요? 교육부는 모든 아이들을 컴퓨터 프로그래머로 키우겠다는 의도가 아닌, 컴퓨팅의 사고력과 논리력을 가르치겠다는 취지입니다. 그래서 학교에서는 컴퓨터 없이 코딩 교육을 하고 있습니다. 컴퓨팅적 사고력과 논리력, 그러면서 인성은 당연히 갖춰야 하고 예술적 감각도 지녀야 하며 언어적 표현력도 갖춘 인재를 원하는 세상입니다. 우리 아이를 이렇게 키우려면 가르칠 것이 너무 많다고 걱정이 많을 것 같습니다. 저 역시 이런 재능을 두루 다 갖춘 미래형 인재를 양성하려면 어떻게 해야 할 지 늘 고민하고, 미래 교육에 관련된 책을 많이 읽고 연구하고 있습니다. 적어도 미래 교육에 관련된 책을 10권 이상 읽고 고민 끝에 제가 내린 결론은 이것입니다.

"아이의 선택을 존중하자."

공부를 잘 해서 대기업에 가는 사람도 있지만, 아르바이트를 하며 구직하는 사람도 있습니다. 평생직장이란 것은 이제 사라졌습니다. 알리바바의 창업자 마윈은 대학생들에게 대기업에 취직하지 말라고 말했습니다. 대기업에 들어가면 여러 명 중 한 명이 되지만, 괜찮은 중소기업을 찾아가면 멘토를 만날 수 있다고요. 전체적으로 돌아가는 일머리를 배워 언젠가는 마윈과 같은 인물이 될 수 있다는 조언입니다.

우리가 살아온 시대와 아이들이 살아갈 시대가 얼마나 다른지 상상이나 되시나요? 미래를 이끌어갈 주역인 아이들이 어떤 생각을 하고 무엇을 원하는지 생각해 보셨나요? 아이들이 살아갈 20년 후의 모습을 예측하려면 우리는 40년 후를 예측해야 하지만 아이들은 20년 후만 예측하면 됩니다. 누가 더 가깝게 온 몸으로 느끼고 예측할 수 있을까요?

미네르바 스쿨이라고 들어보셨나요? 캠퍼스가 없는 대학입니다. 미네르바 스쿨은 Liveral Art College로 인문학이나 순수 과학 분야의 학부 과정을 중점적으로 다루는 대학입니다. 캠퍼스 없이 세상을 돌아다니면서 배우고 온라인으로 소통합니다. 교과 내용이 정해져 있지 않고, 교수나 학생이 관심 있는 주제와 내용으로 프로젝트를 하면서 관련 내용을 함께 토론합니다. 세계를 다니면서 사람들을 만나는 새로운 개념의 대학이라고 합니다. 많은 학생들이 선호하고 있어, 아이비리그 대학보다 입학하기가 힘들다고 합니다. 그러다보니 미국의 종합 대학들도 서서히 미네르바 스쿨과 같은 혁신을 시도하고 있는데 우려했던 것과 다르게 아주 잘 진행되고 있다고 합니다.

　이런 시대를 살아갈 우리 아이들에게 감히 우리가 교육 받은 대로 암기 잘하고 정답 잘 맞춰서 좋은 점수로 좋은 대학을 가야 한다고 할 수 있을까요? 또, 딴 짓하지 말고 한 우물만 파야 한다고 할 수 있을까요? 단순히 지식을 머리에 넣고 정확한 답을 제시하는 것은 이제 인공지능으로 대체될 수 있습니다. 검색만 하면 전 세계의 모든 정보가 나오는 세상에서 우리 아이들이 암기할 것은 사라진다는 것이죠. 인공지능과 경쟁할 우리 아이들이 가져야 할 역량은 창의적인 문제 해결력입니다. 창의적인 것은 가르친다고 되는 것이 아닙니다. 다양한 경험과 꼬리에 꼬리를 무는 생각하는 힘이 창의력의 열쇠가 될 수 있을 것입니다. 저는 이런 문제 해결력과 창의력은 멍 때리는 시간에서 얻을 수 있다고 생각합니다.

　평생 자연을 관찰해온 생태학자이자 동물행동학자이신 최재천 교수의 경험담을 이야기해 보려고 합니다. 최재천 교수는 고등학교 2학년 때 비누 조각을 잘해서 미술 선생에게 발탁된 적이 있다고 합니다. 한창 대학 입시를 준비해야 하는 중요한 시기에 미술반 활동을 하느라 수업에도 가지 않으셨다고 하는데요. 우리 아이가 이런 모습을 보인다면 저라도 "지금 얼마나 중요한 시기인데 이런 쓸데없는 데에 시간을 낭비하고 있는 거야?"라고 호통을 쳤을 거예요. 그런데 최재천 교수는 그 당시 조각이 재미있어 미술반 활동을 계속 하셨다고 합니다. 아버지의 반대로 결국 생물학자가 되었지만, 하버드 대학교에서 민벌레 연구로 박사 논문을 쓸 때 미술반에서의 조각 활동이 도움이 되었다고 합니다. 당시 그 누구도 민벌레를 기르는데 성공한 사람이 없어 연구가 무척 어려웠다고 합니다. 하지만 최교수는 미술반 시절 석고 조각을 했던 기억으로 물을 뿌리면 흡수가 되어 축축하게 습도 조절이 가능한 석고 용기를 만들 수 있었고, 그로인해 민벌레를 키우는데 성공하여 민벌레의 행동을 상세히 밝혀냈던 것이죠. 생태학을 공부하는 사람들의 생각 범주에서는 떠올릴 수 없는 발상을 했던 겁니다. 그리고 이런 창의적인 생각이 가능했던 이유는 모두가 쓸데없는 일이라고 했던 미술 조각의 경험 덕분이었습니다.

『과학자의 서재(최재천)』라는 책에서 "세상 경험 중에 쓸모 없는 경험은 없다. 모든 경험은 언젠가는 쓸모가 생긴다."라고 이야기를 했습니다. 잘 생각해 보세요. 우리 아이들이 멍 때리거나 놀이를 하는 시간을 헛된 시간이라며 불안해 한 적이 없으신지요. 학부모 상담 때 이와 같은 불만을 많이 털어놓으십니다. 그런 얘기를 들을 때마다 저는 이렇게 답변을 드리곤 합니다. "우리 아이 제발 멍 때리게 가만 놔두세요. 요즘 아이들 생각할 시간이 너무 없습니다. 쉬고 노는 자유시간조

차도 어머니가 원하는 대로 정해주지 마세요. 그냥 할 게 없으면 멍이라도 때리게 해 주셔야 생각하는 습관이 생기고 생각하는 힘이 길러집니다. 쓸데없는 아무 생각이나 꼬리에 꼬리를 물 수 있도록 놔둬주셔야 창의력과 문제 해결력이 생깁니다. 자기 시간을 자기 마음대로 쓰면서 쓸데없이 시간도 보내보는 경험이 있어야 시간 관리에 대한 개념이 생깁니다."
가장 동물적인 방법이 가장 효율적입니다. 사람이 내가 말하는 대로 원하는 대로 바뀐다면 너무 좋겠지만 남편 하나도 내 마음대로 안 되잖아요? 모든 걸 일일이 가르쳐주려 하지 마세요. 아이가 커가는 과정에서 본인이 느끼고 스스로 배울 수 있도록 가장 동물적인 방법으로 놔두고 경험하게 해 주세요.

세상은 어느덧 경험을 소중하게 여기는 방향으로 움직이고 있다는 생각이 듭니다. 우리도 가만히 생각해보면 과거의 노력이 낱낱이 흩어지는 파편이 아니라, 어느 순간 알알이 꿰어지는 구슬이 되어 새롭게 도약한 경험이 있을 겁니다. 아이들이 살아갈 세상은 지금부터 20년 후이고 어른들이 감지하지 못 하는 미래의 신호를 아이들은 감지하고 있습니다. 밤새 게임을 하면서 세상이 어떻게 변하는지를 모니터 앞에서 이미 느끼며 살고 있습니다. 아이가 원하는 대로, 아이의 의지대로 하고 싶은 것이 있다면 이유도 묻지 말고 무조건 도와주는 겁니다. 그게 답일 것입니다.

특별한 사람만이 다재다능한 것이 아니라 인간의 특질은 다재다능함에 있다. 우리는 모두 르네상스 인간이라고. 뭐든지 잘할 수 있으니 굳이 한 분야의 전문가가 되려 하기보다 정원사이자 미술가이자 생물 교사도 될 수 있다고. 그러니 스스로 한계를 짓지 말고 마음껏 하라고요.

_최재천, 『최재천의 공부』

 임현정 작가의 한 마디

미래를 살아갈 아이들의 앞날은 아이 자신이 가장 잘 알고 있을 것입니다.
우리는 아이의 선택을 존중해주고 기다려주고 무조건 도와주어야 할 것입니다.
그것이 4차 산업 혁명 시대에 맞는 인재를 키워내는 가장 효과적인 방법일 것입니다.

대한민국의 교육제도와
입시제도의 변화

대한민국 교육제도의 변화는 입시제도와 맞물려 사회의 큰 쟁점이 되는 이슈입니다. 최근 입시제도의 가장 큰 화두는 아마도 공정성의 문제일 것 같습니다. 우리 사회의 교육에 대한 열망은 누구나 같은 출발선 상에서 본인의 재능과 노력, 능력에 의하여 사회적 가치가 정의롭게 분배될 수 있기를 희망하기 때문입니다. 한국 사회에서 가장 용서받지 못하는 일이 입시비리와 병역비리인 것을 보면 이 믿음이 얼마나 확고한지 알 수 있습니다.

대입제도의 변화를 살펴보면 2008년 입학사정관제가 도입되고 2015년에 학생부종합전형으로 개편되면서 대입제도의 공정성 확보는 더욱 중요한 사회적 논제가 되어 왔습니다. 수

학능력시험은 모두가 납득할 수 있는 줄 세우기식 점수로 투명성과 객관성이 확보되어 많은 사람들은 이것이야 말로 공정한 시험이라고 주장하는 분들도 많습니다. 하지만 다원화되고 다양한 인재가 요구되는 현 사회의 변화된 현실을 반영하기에는 수능만으로는 한계가 있다고 지적하기도 합니다. 대입의 양대 축 중 하나인 학생부종합전형은 평가의 기준이 명확하게 제시되지 않는 정성적 평가이기에 '깜깜이' 전형이라 불리며 많은 문제를 야기 시켰습니다. 하지만 충실한 학교생활의 교과와 비교과를 강조함으로써 학교교육의 정상화에 기여한 부분도 긍정적으로 평가되고 있습니다. 문재인 정부 시절 2017년부터 2019년까지 사회적으로 공론화 되면서 더욱 전면으로 드러났고 2019년 고위공직자 자녀의 특혜문제가 불거지면서 교육공정성의 대해 더욱 활발하게 논의되었습니다.

이처럼 전 국민이 입시제도에 관심을 갖는 것은 대학의 서열화가 명확한 대한민국의 현실을 고려하기 때문일 겁니다. 상위 대학의 입학은 곧 졸업 후 주어지는 직업의 지위와 사회적 신분에 큰 영향을 미치기 때문인 것이죠.

2025년부터 학교 현장에서 전면 시행될 새로운 교육제도인 고교학점제에 대해 알아보고자 합니다. 왜냐하면 변화되는 교육제도를 이해하는 것이 우리 아이의 교육의 큰 틀을 잡는 데 꼭 필요하기 때문입니다. 교육부에 따르면 고교학점제는 "학생이 기초소양과 기본 학력을 바탕으로 진로·적성에 따라 다양한 과목을 선택·이수하고 이수 기준에 도달한 과목에 학점을 취득·누적하여 졸업하는 제도"라고 정의 합니다. 지금까지 대한민국은 중진국의 입장에서 지식을 암기하고 분석하여 기존의 지식을 얼마나 잘 수용하여 활용하느냐가 핵심이었습니다. 또한 권위적인 사회 분위기 속에서 기존의 패러다임에 순응해서 잘 따라가는 표준화된 산업사회의 인재를 양성하기 위한 획일화된 교육에 치중했습니다. 하지만 4차 산업혁명 시대를 맞이하여 미래사회 대응을 위해 삶에 대한 주체적이고 혁신적인 인재를 양성하는 교육패러다임으로 전 세계가 변화해 가고 있습니다. 단순한 지식의 수용이 아닌 새로운 지식과 가치를 창출할 수 있는 창의적이고 융합적 사고력을 갖춘 미래 인재를 양성하는 것이 교육의 목표가 되었습니다.

그동안 교육계의 문제로 꾸준히 지적되어 온 경쟁중심의 9등급제와 입시중심의 고등교육, 고교 서열화 등을 타파하고 학생 성장 중심, 유연하고 개별화된 교육, 수평적 다양화로 교육의 패러다임을 전환하고자 고교학점제를 추진하고 있는 것입니다.

그럼 고교학점제는 기존의 학교 과정과 어떤 부분이 달라지는 것일까?

학년제는 학교 수업연한을 1년 단위로 편성하여 학교에서 정해주는 과목과 학습내용을 이수하면 진급과 졸업이 결정되는 제도입니다. 현재 우리 고등학교 교육과정은 1주당 이루어지는 수업의 시간량을 '단위제'를 적용하고 있습니다. 총 204단위를 이수하고 출석일수를 마쳐야 고등학교를 졸업할 수 있게 운영되고 있지만 고교학점제는 대학처럼 학생이 선택한 과목을 192학점 이수하여 일정 성취도를 통과하면 졸업하는 제도입니다.

기존 정책	고교학점제
주어진 교육과정에 따라 수업이수 성취수준과 상관없이 과목 이수 인정 출석일수가 졸업의 기준	자신의 진로와 적성에 따라 희망과목 선택 이수 목표한 성취수준에 도달했다고 판단되어야 과목 이수 인정 누적된 과목 이수 학점이 졸업의 기준

기존 정책과 고교학점제 비교 [출처 : 교육부 고교학점제(www.hscredit.kr)]

고교학점제 정책은 입시제도와 연계되어 고교 교육의 혁신적 변화를 가져올 정책이라는 점에서 국민적 관심이 쏠린 정책인 만큼 전면 도입에 대한 찬반 논란과 부작용의 우려가 끊이지 않고 있습니다. 하지만 현재를 살아가는 우리가 미래를 살아야 하는 학생들에게 가치 있는 삶을 살 수 있는 교육제도를 마련해줘야 하는 것은 당연한 의무입니다. 물론 이것이 학교 현장에서 어떻게 자리 잡아가게 될지는 잘 지켜봐야겠습니다. 늘 이상과 현실의 괴리는 존재해 왔으니까요. 입시제도가 너무 자주 바뀐다는 불만도 많지만 빠르게 변화하는 사회

속에서 예전의 제도를 그대로 답습하는 것 또한 옳은 일인지도 생각해 볼 문제입니다.

그러면 이러한 변화되는 교육과정과 입시제도에 대해 학부모는 어떤 자세를 가지는 것이 바람직할까요? 한 언론사에서 고교학점제에 대한 찬반여론 조사를 한 적이 있다고 합니다. 그런데 놀랍게도 40%가 무슨 제도인지 잘 모르겠다는 응답 결과가 나왔습니다. 학령기의 자녀를 두지 않았다면 큰 관심이 없는 것은 당연할 수 있지만 반대로 학령기의 자녀가 있다면 변화되는 입시제도의 큰 틀을 이해하고 그것에 대해 관심을 가지고 어떻게 우리아이에게 맞는 전략을 세울 것인가 고민해봐야겠습니다.

고교 학점제의 가장 큰 핵심은 '진로·적성과 연관된 다양한 과목을 선택하여 이수해야 한다.'는 것입니다. 그렇다면 가장 중요한 것은 대학의 수많은 학과들에 대한 정보를 수집하고 이것을 활용해서 우리 아이에 맞는 맞춤 진로를 설정해야 한다는 것입니다. 물론 이 부분은 공교육에서 교사가 담당해야 할 업무이지만 학교에만 맡겨둘 수는 없습니다. 그런데 이것은 고교학점제가 아니더라도 현재 학생부종합전형 비교과에서도 중요하게 다루어지는 부분입니다. 고교학점제나 대입의 큰 비중을 차지하는 학생부종합전형 모두 진로에 맞는 학과를 탐색하고 준비하는 활동을 너무나도 중요시 한다는 것이죠.

그렇다면 우리 아이의 적성과 진로에 대한 부분을 어떻게 조사해 볼 수 있을까요?

꼭 사교육을 통한 진로 상담이 아니더라도 커리어넷(www. career.go.kr)에서 무료로 진단해 볼 수 있습니다. 진단 결과를 기반으로 아이를 관찰하시고 아이와의 대화를 통해 흥미 있는 부분들에 대해 꾸준히 대화를 나누어 보세요. 그리고 적성과 관련된 직업군을 찾아서 유튜브 영상 시청이나 직업 체험 등을 통해 아이에게 맞는 진로가 무엇인지 함께 탐색하는 시간을 가지세요. 또는 진로 관련된 책들도 많이 출판되어 있으니 독서를 통해 도움 받을 수 있습니다. 사회적 경험이 너무 적은 아이들에게 진로와 적성을 찾으라고 맡겨두는 것은 너무나 추상적이고 막연한 일입니다. 그렇기 때문에 어른들의 도움이 필요한 것이죠. 단 이때 주의해야 할 부분은 부모의 편견이나 선입관이 개입되어, 특정 직업에 대한 강요가 있어서는 안 됩니다. 아이들의 주도 하에 진로탐색이 이루어 질수 있도록 유연하고 자유스러운 대화가 이어져야 한다는 것입니다.

저는 학생들이 학원 등록을 하면 먼저 커리어넷에서 5가지 분야의 진로 검사를 실시합니다. 그리고 상담을 원할 경우, 부모와 아이가 함께 참석한 자리에서 적성과 흥미분야에 대해 해석해주는 시간을 갖습니다. 그리고 상담할 때 꼭 아이에게 집중해서 질문을 하는데요. 아이 스스로 관심 분야에 대해 생각해보고 대답할 수 있도록 하기 위해서입니다. 이런 과정을 통해 자신을 들여다보고 실마리를 찾을 수 있기 때문이죠. 하지만 당연히 이 짧은 상담으로는 충분하지 않습니다. 자신의 적성과 진로를 찾는 다는 것은 너무나 어려운 일입니다. 그렇기 때문에 아이들 곁에서 따뜻한 조언과 불빛을 밝혀줄 수 있는 역할을 부모님께서 꼭 하셔야 하며, 충분히 하실 수 있는 일입니다.

들판에 피어 있는 작은 이름 모를 꽃들도 빛깔과 향기가 모두 다르지만 저마다의 아름다움을 가지고 있습니다. 우리의 아이들도 자신만의 색채와 향기를 가지고 있습니다. 내 아이에게 어떠한 재능을 이식시키고 능력을 키워주겠다는 욕심보다는 부모의 따뜻한 관심과 사랑을 통한 아이 본연의 재능을 거울처럼 비추어 주는 역할을 하시면 어떨까 제안해 봅니다.

그 속에서 아이는 주체적인 사람으로 자신의 재능을 알아채며 성장해 가지 않을까요?

 김미란 작가의 한 마디

> 변화하는 입시제도에 관심을 가져보세요. 학생들의 진로역량이 매우 중요해졌습니다. 또한 다양하게 생겨나는 직업에 대해 아이들과 대화를 나눠보세요. 이 때 부모가 생각하는 유망한 직업을 강요하시면 절대 안 됩니다. 아이들이 적성과 진로에 대해 스스로 생각해 볼 수 있도록 지속적인 관심을 보여주세요.

우리 아이에게 필요한 절대요소,
문해력(文解力)

2022 교육개정과정이 적용되는 09년생부터 본격적인 고교학점제에 돌입하게 됩니다. 2022년도에 개정되었기 때문에 2022교육개정과정이라 부르는 것이고, 09년생이 고1이 되는 2025년부터 본격적인 고교학점제가 전면 시행되게 됩니다. 고교학점제가 발표된 시점부터 공교육, 사교육 할 것 없이 고교학점제를 중심으로 한 입시설명회가 쉴 새 없이 진행되어왔습니다. 새로 시행되는 고교학점제에 대한 내용과 목적을 이해하기 위함이었을 것이고, 고교학점제가 시행되게 될 2025년까지는 대부분의 설명회에서 이 기조가 이어질 것으로 예상됩니다.

쉽게 말해 고교학점제란, '학생 스스로 본인의 진로에 맞게 과목을 택하여 시간표를 구성하고 고등과정을 이수하는 것'을 말합니다. 공통교과인 1학년까지는 전국 고등학교가 같은 과목을 배우겠지만, 2학년부터는 고등학생의 시간표가 대학생의 시간표처럼 학생 본인의 진로에 맞는 개별 맞춤 시간표가 됨을 의미합니다. 지도주체 및 기관 또한 배정된 고등학교에 국한되지 않고, 인근 고등학교 혹은 나아가 수강 희망 과목이 개설된 대학에서까지 수업을 들을 수 있는 제도적 장치가 마련되어있습니다. 외면상으로는 학생들에게 상당한 자율권이 제공되어 매우 선진적인 학업시스템이 마련되었을 것으로 보입니다. 사실, 실제로도 그렇게 이상적인 학습 환경이 제공될 수도 있기 때문에 기대감을 가지고 지켜봐야하겠습니다.

다만, 현장에서 학생들을 지도하는 입장에서 철저한 준비가 갖춰지지 않은 상황에서 고교학점제를 맞이한다면 기대했던 것에 미치지 못하는 상황에 처할 가능성 또한 매우 높습니다. 또한 고교학점제에서는 고1 때 공통과목을 배우고, 고2 때부터는 [일반선택, 진로선택, 융합선택]이라는 이름으로 모든 학생들이 제각각 다른 과목을 수강할 수 있기 때문에 현재처럼 지정된 과목으로 수능을 치르기도 어려웠습니다. 즉 2022 교육개정과정에서는 수능이 그야말로 절대평가화 되어 자격시험처럼 다뤄질 수 있기 때문에, 현재의 입시와도 전혀 다른 흐름으로 이어질 가능성이 높습니다. 국어 과목의 경우, 기존에 화법과 작문/언어와 매체/독서/문학으로 나뉘어 있는 구분이 2022교육개정과정에서는 화법과 언어/독서와 작문/문학으로 바뀌는 등 과목의 구성자체가 변화되어 학생들이 많은 혼란을 느낄 수 있습니다. 기존의 교과 구성 목표가 바뀌었다고도 볼 수 있을 정도의 개편 인만큼, 학생들은 각 교과가 학습목표로서 의도하는 바가 무엇인지를 정확히 인지하고 해당 과목을 선택과목으로 택해야할 것입니다.

이렇듯, 바뀌는 체제를 개념적으로 이해하는 것은 그나마 수월할 작업일 수 있습니다. 국가기관을 중심으로 워낙 효과적인 설명회가 진행되어 오고 있기 때문에 고교학점제에 대한 개념적 이해는 분명 09년생을 중심으로 어렵지 않게 완성될 것으로 기대합니다. 다만, 고교학점제의 본질인 '진로에 맞는 학업'이라는 측면에서, 09년생을 비롯한 대한민국의 모든 교육주체들이 그 흐름에 발맞춰 나갈 수 있는지는 또 다른 문제일 수 있습니다.

현재 2015교육개정과정에서는 고1 입학 후 5월 달에 고2 선택과목을 고르게 됩니다. 고2 일반선택과목은 수능범위와 직결되기 때문에, 학생 진로에 관한 탐색이 완벽히 완성된 상태에서 진행되어야만합니다. 중3 학생들은 대부분 2학기에 시험을 한 번만 치르고 겨울방학을 거쳐 고등학교에 입학하기 때문에, 외견 상 진로를 탐색할 시간이 충분해보이지만 실제로는 제도적 장치가 제대로 마련되지 못한 탓에 고등부 선행을 위한 교과공부에만 매진하거나 그마저 이루지 못한 채 다양한 놀이에만 빠지는 경우를 찾아볼 수 있습니다. 중1 시기의 자유학년제(학기제)에 다양한 진로탐색이 이루는 것이 현 제도의 목표임에도 실제로 진로를 탐색하여 올바른 선택과목으로 나아가는 학생들이 크게 많지 않음을 현장에서 느끼고 있습니다.

분명 제도적으로 중1 전체시기와 중3 하반기에 충분한 시간이 마련되어있음에도 불구하고 진로를 제대로 탐색하지 못하고 방황하는 학생들이 왜 생기는지에 대한 관심을 가져야 합니다. 어떠한 본질적인 접근을 통해 우리 아이들의 진로를 효과적으로 탐색할 수 있는지에 대해 더 많은 공론이 이루어져야할 것입니다.

진로탐색에 대한 근본적인 이유를 연구함에 있어, EBS에서 제작한 '당신의 문해력은?'이라는 다큐는 주목할 만합니다. 겉으론 정상적인 사고방식을 하는 것처럼 보이는 많은 학생들이 '글을 읽고 그 내용을 이해'하는 데에 매우 큰 어려움을 겪고 있음을 다양한 실험을 통해 알 수 있습니다. 즉, 눈으로 글을 읽고도 그 내용을 이해할 수 없어, 학생 스스로 사고의 외연을 확장하지 못해 1차원적인 감각만 느끼고 표현하고 있는 것입니다. '아프다, 맛있다, 좋다, 나쁘다' 정도의 감각과 표현만으로는 고차원적인 사고방식을 이해하고 본인만의 논리를 만들어낼 수 없습니다. 특정 주제에 대해 누군가의 생각을 말로 듣거나 글로 읽으며 다양한 사고방식에 대해 탐색하는 시간과 경험이 매우 중요합니다. 즉, '독서하고 작문하는 경험'이 우리 학생들로 하여금 본질적으로 진로를 탐구할 수 있게 만드는 것입니다. 아주 반갑게도 2025교육개정과정에서 고2 선택과목으로서 '독서와 작문'을 수강할 수 있게 되었습니다. 다만 2015교육개정과정에서 문제로 제기되었던 것과 같이 문제를 푸는 기술로서 존재하는 과목이 아닌, 본질적인 독서와 작문활동이 이뤄질 수 있도록 많은 관심과 노력이 필요할 것입니다.

대부분의 교과개념들은 한자로 구성되어있음을 부인할 수 없습니다. 한자문화권에 속해있기 때문에, 한자를 모르고서는 개념이해 뿐 만 아니라 효과적인 글 읽기 자체가 어려울 수 있습니다. 많은 학생들이 정확한 개념을 숙지하지 못한 채, 단순한 이미지의 형식처럼 개념-내용을 암기하다보니 정확한 이해 없이 학습하여 시험에서 틀리거나 금방 까먹는 경험을 하게 됩니다. 예를 들어, '고려시대 태조왕건의 사성정책은 왕권강화를 목적으로 한다.'라는 내용을 많은 학생들은 한 글자 한 글자 써가며 무작정 암기하곤 합니다. 내용이 정확히 숙지되지 않은 채, 문장을 이미지처럼 글자로서 암기하려다보니 내용도 모른 채 '일치하는 그림 찾기'처럼 객관식문제를 풀고 있는 것입니다. '사성정책'을 '하사할 사, 성 성'으로 서, '임금이 호족에게 성을 하사함으로서 호족의 마음을 얻어 왕권을 강화하고자 꽤하였다'라고 이해한다면 이미지처럼 암기할 필요 없이 그 용어와 내용이 논리적으로 일치하여 단순한 암기가 아니라 본질적인 이해를 할 수 있게 되는 것이죠.

이렇듯, 우리 학생들에게 근본적으로 필요한 절대역량은 한자를 기반으로 한 국어이해와 풍부한 독서량입니다. 무엇인가를 사고할 능력을 미리 갖추게 한 다음에야 비로소 진로탐색의 기회를 제공해야할 것입니다. 일기쓰기가 우리 어른들의 추억 속 활동이라면, 지금은 일기쓰기 숙제검사가 학생들의 사생활침해가 된다고 판단하여 예전만큼의 일기쓰기를 적극 권장하기가 어려워졌습니다. 본인이 보고 들은 내용을 바탕으로 스스로 글을 쓰며 사고방식을 완성해 가기 위한 과정이 반드시 필요할 겁니다. 진로 탐색은 단순히 다양한 직업군들을 알아나가는 과정을 넘어서, 해당 직업군이 학생 본인의 어떤 특성과 어울리는지를 매우 고차원적으로 파악하고 선택해야하는 고급 활동입니다. 단순히, 학생들이 고등학생이 되었음에도 진로를 찾지 못하고 있음을 단편적으로 비난하기보다는 어릴 적부터 진로를 탐색할만한 힘을 길러주는데 국가적 역량을 다해야할 것입니다.

디지털매체가 발달하며, 우리 학생들은 감각적인 영상에

더욱 익숙해진 탓에 글로서 상황을 이해하거나 글로서 즐거움을 얻는 경험을 매우 낯설게 느낄 수 있습니다. 물론 영상을 통해 다양한 학습이 가능할 수 있습니다만, 모션과 음성으로 이루어진 일차원적인 정보 전달은 분명 우리 학생들이 수준 높은 논리력을 갖추게 하는 데에 한계가 있을 것입니다. 예전 MBC 예능 중에 '책책책 책을 읽읍시다'라는 프로그램이 있었습니다. 한 때 많은 국민들이 그 프로그램을 통해 독서습관을 잠깐이나 만들어낸 경험이 있습니다. 국가기관이 디지털 매체 등과 함께 우리 학생들이 독서를 하는 습관을 만들도록 노력하여 진도탐색에 대한 진정한 능력을 갖출 수 있도록 만들어나갈 수 있기를 기원합니다.

 이승현 작가의 한 마디

아이들이 능동적으로 진로를 탐색하기 위해서는 문해력이 뒷받침되어야 합니다.
'글을 읽고 이해하는 능력'을 키우기 위해서는 무엇이 필요할까요?
책 읽고 글 쓰는 습관을 만들어 주세요.
생각하는 힘이 있어야 자신의 미래도 제대로 탐색할 수 있으니까요.

고등학교를 준비하는 자녀가
꼭 알아야 할 알짜 입시지식

공부를 하는 대부분의 학생들의 최종 목적은 입시로 귀결됩니다. 하지만 계속해서 바뀌는 입시 정책과 상황들로 인해 제대로 입시에 대해 이해하고 준비하는 것은 쉽지가 않죠. 대입에서 가장 중요한 입시, 그 입시의 큰 틀에 대해 알아보고, 어떻게 전략적으로 대비할 수 있을지에 대해 이야기 나눠볼까 합니다.

우선 입시는 크게 2개로 나누어 정시와 수시로 나뉘어 져 있습니다. 정시는 잘 알다시피 수능점수가 주가 되어 평가하는 입학전형으로, 최근 공정성 논란이 되며 많이 부각되고 있는 전형 중 하나입니다. 보통 내신이 좋지 않거나 학생부를 챙기지 않은 학생들 대부분이 선호하는 전형이기도 하죠. 모든 학생들이 수능이라는 시험을 기준으로 평가받는다는 측면에서 공정해 보이지만, 지역에 따른 학습격차와 현역과 N수생들의 차이를 만드는 가장 핵심적인 원인 중 하나입니다.

둘째로 수시전형이 있는데 여기서 수시를 조금 더 세분화하여 나누게 되면 학생부교과전형, 학생부종합전형, 논술전형 이렇게 3가지 전형으로 나뉘게 됩니다. 각각의 전형별로 간단히 소개를 해 보도록 하겠습니다.

학생부교과전형은 학교의 내신 성적을 기반으로 대입을 준비하는 학생들에게 유리합니다. 꾸준히 전교권 성적을 유지해 왔다던가, 착실히 학교에서 내신대비를 해온 학생들이라면 학생부 교과전형을 통해 대학에 진학하기가 유리합니다. 하지만 반대로 생각해 보면, 대부분의 학생들은 전교권을 유지하기 힘들고, 실수로라도 한 학기 등급이 많이 저하되는 경우가 있을 수 있기 때문에 최상위권 대학을 가기 위해서는 사실상 매우 힘든 전형이기도 합니다. 보통 지방이나 내신을 따기 쉬운 학군의 경우는 확실히 등급적 이득을 취해 대학을 가기 위한 전략으로서 학생부 교과전형을 이용합니다.

학생부 종합전형은 상위 15개 대학에서 가장 선호하는 전형으로 학생들의 학생부를 전체를 점검하고, 이 학생의 전공적합성 그리고 성실성과 발전가능성 등을 종합적으로 판단

성적 그룹별 입시 구조

A 그룹	학생부 교과 전형 학생부 종합 전형 정시선발
B 그룹	논술전형 정시선발
C 그룹	학생부 교과 전형 학생부 종합 전형
D 그룹	학생부 교과 전형 학생부 종합 전형

내신 / 모의고사 축에 C 그룹, A 그룹 (상단), D 그룹, B 그룹 (하단)

하여 합격과 불합격을 정하는 전형입니다. 그렇다 보니 공정성에 대한 문제가 계속 제기되어져 온 전형이기도 합니다. 하지만 최근에는 많은 개선사항들이 적용되며 단순히 내신 성적으로 줄을 세우는 것보다 더 합리적이란 이야기들도 많습니다. 일반적으로 내신점수를 잘 받기 힘든 학군이나 자사고, 특목고에서 선호하는 전형이기도 합니다.

마지막으로 논술전형은 내신과 수능점수가 모두 나오지 않는 경우, 특정과목(수학, 과학, 국어)의 강점을 이용하여 상위권 대학을 노릴 수 있는 마지막 히든카드 전형 중 하나입니다. 이 논술 전형 또한 세분화 하자면 약술형 논술(중하위권 대학 목표), 논술 전형(중상위권 대학 목표)으로 나뉘며, 약술형 논술의 경우 2021학년도 이전의 적성고사에서 변형된 형태라 보시면 됩니다. 논술전형의 경우 수능에서 최저가 없거나 기본적인 최저등급만 맞추면 되고, 시험 또한 수능 이후에 보는 경우가 많아 정시와 더불어 논술을 같이 준비하는 것이 일반화되어 있는 전략 중에 하나입니다.

그렇다면 이렇게 다양한 전형 중에 우리 아이가 지금부터 준비해야 하는 것이 무엇일까에 대한 부분이 가장 궁금하실 텐데요. 사실 정답은 어느 정도 정해져 있다고 생각합니다. 국, 영, 수에 대한 과목적인 성취도를 올려야 한다는 부분에 대해서는 다들 들어서 알고 계실 거라 생각합니다. 여기에 더불어 학생들 개개의 진로와 적성 그리고 그에 따른 전공적합성을 만드는 작업을 미리부터 해 둔다면 대입에 있어서 강력한 무기가 될 거라 이야기 드리고 싶습니다.

항상 역지사지의 생각으로 반대의 입장을 생각해 보는 습관은 대단히 중요합니다. 좋은 학생들을 뽑길 원하는 대학에서 가장 원하는 학생은 어떤 학생일까요? 단순히 공부를 잘하는 학생을 뽑으려고 할까요? 사실 현재 대학들의 가장 큰 걱정은 '중도 이탈률'입니다. 학생들이 입학 후 졸업까지 가지 않고 도중에 편입을 하거나, 반수를 통해 학교에서 빠져나가는 현상이죠. 예전이야 학생이 많아 이런 경우 편입을 통해 대다수 확보했지만 지금은 상황이 달라졌죠. 대학에서 중도에 학생들이 이탈되었을 때 최상위권 대학이 아닌 이상 새로 학생을 뽑기란 하늘의 별따기입니다.

그럼 어떤 학생들이 중도 이탈을 할까요? 바로 정시를 통해 들어온 학생들의 중도 이탈률이 수시의 중도 이탈률의 2배 가까이 차이나는 것을 통계적 수치를 통해 확인 가능합니다. 이는 대학교 입장에서 가장 큰 타격이자 손해라 할 수 있겠죠. 그렇기에 대학들은 어떻게 하면 학생들이 나가지 않을까에 대한 고민들을 하게 됩니다. 그 고민의 정답은 이미 나와 있죠. 바로 '우리학교 우리학과에 들어오기 위해 미리부터 준비하고 있는 학생들을 뽑자'인 겁니다. 이런 학생을 뽑기 위한 제도가 바로 '학생부 종합전형'이기에 상위권 대학일수록 학생부 종합전형을 선호합니다. (사실 하위권 대학도 선호하지만 입학사정관을 두기 힘든 학교가 대부분이기에 울며 겨자 먹기로 학생부 교과전형으로 대체하는 경우가 많습니다.)

　자 이제 이런 부분을 역으로 이용해야겠죠. 바로 학생들의 진로와 전공방향성을 중학교 때까지 확실히 잡아두고, 이를 바탕으로 고등학교에 비교과로서 학생부를 준비한다면 그냥 단순하게 내신만 따 둔 학생들 보다 훨씬 수월하게 대학에 입학할 수 있습니다. 2022학년도 합격 등급 컷 기준으로 SKY에 들어가기 위한 학생부 교과전형 내신 점수가 국·영·수 합 1.3~1.5였던 것과 비교되게 학생부 종합전형으로 SKY에 들어가기 위한 내신 점수는 1.8~2.5까지도 가능한 것으로 나옵니다. 단순히 내신점수가 나오지 않는데 비교과를 준비한다고 좋은 대학을 갈 수 있는 것은 아니지만, 상대적으로 낮은 내신을 가지고도 갈 수 있는 대학의 단계를 최소 5단계 이상 높일 수 있다는 결론이 나오죠.

그렇다면 어떻게 학생들의 진로와 전공적합성을 높일 수 있을까에 대한 생각을 해야 할 필요성이 있습니다. 사실 진로라는 것은 끊임없이 바뀔 수밖에 없습니다. 하지만 우리나라는 20년째 선호 직업군이 비슷한 대단히 특이한 나라 중 하나이죠. 그렇기에 학생들이 조금 더 진로에 대해 고민해 보고 자신이 좋아하는 것이 무엇인지를 파악하기 위해서는 진로 관련 독서와 이에 따른 영상을 접해보며 진짜 좋아하는 것과 진짜 잘할 수 있는 것 그리고 사회적으로 필요로 하는 것이 상충하는 적정 진로를 잡는 연습을 해야 합니다. 이를 통해 선호 직업군과 이에 따른 대학의 학과 선정 그리고 그로 인한 목표 재설정 등을 할 수 있습니다. 즉 공부에 대한 목표와 방향에 대한 동기부여가 될 수 있는 것이죠.

진로에 대한 정보는 메이저맵(www.majormap.net)이나 커리어넷(www.career.go.kr) 등을 통해 찾아볼 수 있습니다. 직업군과 대학 학과 등의 대한 정보를 알아볼 수 있는 사이트이며, 또한 이러한 진로 탐색 과정을 통해 진로에 대한 막연한 생각을 구체화시킬 수 있습니다. 예전에 비해 접근성이 높고 다양한 정보를 찾을 수 있기 때문에 관심만 갖고 있다면 다양한 직업들을 탐색할 수 있는 계기가 될 것입니다.

그렇다면 학생부 종합전형에 대해 조금 더 구체적으로 대비할 수 있는 방법은 무엇일까요?

　사실 상위권이 아닌 이상 학교에서 학생부 종합전형을 신경 써서 대비해 주기가 쉽지 않습니다. 과목선생님은 하나지만, 담당하는 학생들은 대단히 많기 때문이죠. 하지만 학생들 입장에서도 세부특기사항에 대한 주제 선정부터 보고서 제출까지 무엇 하나 쉽지 않습니다. 심지어 제가 알고 있는 학교의 최상위권 학생조차 이러한 준비가 제대로 되지 않은 채 내신대비만 하다가 전교 3등임에도 학생부 교과전형으로 간신히 건국대에 들어가는 케이스도 본 적이 있습니다. 반면에 내신 등급이 조금 낮더라도 미리부터 전공에 대한 탐구를 통해 진로를 설정해 두고 세부특기사항과 연계과목별 성취도를 높여 3등급대임에도 불구하고 연·고대에 붙는 친구들 또한 있답니다. 이처럼 단순히 내신점수만 높다고 좋은 대학에 갈 수 있지는 않습니다. 전국적으로 내신점수가 높은 학생들은 많기 때문이죠. 하지만 여기에 명확한 진로의 방향성이 만들어지고, 이를 통해 여러 비교과에 대한 준비가 이뤄진다면 대학 입장에서는 대단히 뽑기 좋은 학생이 되는 거지요.

　따라서 학생부 종합전형 대비 방법은 제일 먼저 진로에 대한 방향성과 목표 학과를 선정하는데 있습니다. 이후 각 학교별 중간, 기말고사가 끝난 후 세부특기사항 기재 기간 안에 주요과목과 나의 진로를 연계하여 세부특기사항을 작성할 수 있는 준비가 최소 한 학기에 2~3개 내외로 이뤄져야 합니다. 이러한 준비가 이뤄지기 위해서는 미리 연관된 주제선정을 해 두고 그 주제를 개요/서론/본론/결론으로 나눠 세특과제 설계를 진행해 두는 것이 무엇보다 중요합니다. 여기에서 제일 중요한 것은 담당 선생에게 이러한 조사사항에 대해 미리 자문을 구하고 도움을 요청하는 데에 있습니다. 아무런 연고 없이 자료 조사한 것을 제출한 것으로 세특에 기록되기 힘듭니다. 하지만 미리 담당 선생에게 조사할 내용에 대한 조언을 구하고 제출을 한다면 이후 선생이 세특에 반영하는데 수월해 지는 것이죠. 하지만 그럼에도 주제 잡기 너무 어렵거나, 주요 교과와 진로의 연계관계를 파악하기 힘들다면 카카오톡 플러스친구 '더블랙에듀'로 연락주세요. 학생들의 학생부 종합전형에 대한 대비에 대한 궁금증을 해결해 드리겠습니다.

 서동범 작가의 한 마디

입시는 정시 그리고 수시로 이뤄져 있습니다. 수시를 세분화 하면 학생부 교과, 학생부 종합 그리고 논술 전형으로 나눠집니다. 현재 고등학교 입학 전이라면, 가장 중요한 전형은 학생부 종합전형이며 이를 위해 학생들의 전공적합성과 진로 선정을 해 주어야 합니다. 여러 사이트와 진로독서 그리고 영상 등을 통해 간접적인 체험을 진행하고 관심 있는 주제를 정해 확실한 진로 방향성을 잡아줘야 합니다. 또한 학교 세부특기사항 등을 준비하여 학생부 종합전형에 대비 할 수 있는 역량을 길러야 합니다.

모든 배움은
경험에서부터 나옵니다.

백문(百聞)이 불여일견(不如一見)

직접 경험하는 것이 낫다는 이 옛말은 평소 자주 접한 탓에 고리타분해보이기도 합니다.

하지만 실제로 경험이라는 행위가 우리 아이들의 인지능력 발달에 얼마나 큰 중요성을 가지는지를 이해한다면, 아무리 반복하여도 지나치지 않을 것 같습니다.

2022교육과정을 기준으로 본격적인 고교학점제가 예고되면서, 무엇보다도 학생들이 진로탐색이 중요해졌습니다. 고등학교 1학년에는 공통교과를 학습하고, 고등학교 2학년부터는 본격적인 진로학습이 시작되어 마치 대학생처럼 학생 스스로 교과목을 선택하고 본인의 진로진학을 완성해가는 새로운 교육체제는 대한민국에 큰 반향을 불러일으키고 있습니다. 정부와 교육부가 일괄적으로 마련해놓은 교육체제에서 일괄적인 교육을 받아 수동적인 진로탐색을 하는 과정을 뛰어넘어, 학생 스스로 교과를 선택하고 진로에 맞게 심화학습을 해나가는 이러한 능동적인 학습과정은 일면 매우 주체적이고 바람직해보입니다.

다만, 스스로 주체적인 경험이 부족한 학생들에게 막연하게 선택지만을 제공하는 것은 자칫 '자유를 주는 개념'에서 '방종으로 방치하는 개념'으로 변색될 가능성도 분명 존재합니다. 아무런 기준이 제공되지 않은 상태에서 예술작품을 창작해내는 과정은 매우 고통스러울 수 있습니다. 범위와 기준이 정해지지 않는다면 오히려 선택을 두려운 행위로 바꿀 수도 있습니다. 따라서 기본적인 정규교육과정 내에 있는 가급적 모든 진로 및 과목에 대하여 대한민국의 아이들이 적어도 중학교 3학년 1학기까지는 필수적으로 경험할 수 있도록 만드는 제도적 장치가 필요합니다.

학생들이 진로를 선택함에 있어 가장 많은 영향을 끼치는 것은 바로 특정 경험의 빈도입니다. 가장 많이 접하고 가장 많이 인상을 받은 분야에 학생들은 관심을 가지게 됩니다. 따라서 이러한 인상은 당연히 세대의 트렌드에 따를 수밖에 없습니다. 최근 초등학생들의 진로조사에 따르면, '유투버'가 단연 1등입니다. 당연히 최근 트렌드를 반영한 결과라 할 수 있습니다. 그리고 트렌드에 따라 선호하는 직업이 변화하는 과정에서도 항상 5위 내에 속한 직업이 있습니다. 바로 초등학교 교사입니다. 왜냐하면 초등학생들이 가장 많이 접하는 인물이 바로 초등학교 교사이며, 가장 많은 경험을 하는 대상이기 때문입니다.

이처럼 경험을 통해 배우는 것은 인간의 기본속성이기 때문에 얼마나 자주 얼마나 깊이 경험하는지에 따라 학생들의 진로가 결정될 수 있습니다. 교육현장에 있으면서 가장 안타까운 모습은 초·중등부에서 진로에 대한 고민을 전혀 하지 못한 채, 단순하게 교과학습만을 위해 학원을 다니는 것입니다. 교육학의 관점에서도, 훌륭한 진로진학을 위해서는 단순한 교과학습만으로는 분명히 한계가 있습니다. 가장 이상적인 과정은 '경험→진로탐색→진로관련 독서→교과학습→진학'입니다. 다양한 경험을 통해 가장 관심 있는 영역을 선택하고 관련 영역에 관한 진로탐색을 하며, 나아가 진로관련 독서를 이행할 때만이 비로소 교과학습을 위한 전제가 갖춰질 수 있습니다. 교과학습 이전에 이러한 과정을 거치지 못한 학생들은 흔히 글을 읽는 힘이 약할 뿐만 아니라 교과학습의 목적을 찾지 못하는 이유로 강한 학습의지와 동기를 갖추지 못해 공부를 금방 포기하는 경우가 다반사입니다. 대학 입학을 위한 입시공부는 결코 난이도 자체가 크게 높지 않습니다. 본인이 희망하는 진로를 중심으로 의지를 갖고 학습해 나가다보면,

누구나 평균이상의 우수한 결과를 얻을 수 있는 영역입니다.

대한민국의 입시는 수시와 정시로 구분이 되어있습니다. 특히나 수시라는 제도는 학생들의 진로에 대한 관심과 과정을 체계적으로 평가할 수 있기 때문에 현역 고3학생들에게 매우 유리한 제도합니다. 게다가 특정 수시전형의 경우, 교과 자체의 점수는 전혀 반영하지 않고 고등학교 3년간의 진로탐색 과정과 깊이만을 고려하기 때문에 진로에 대한 의지와 과정이 뚜렷한 학생들에게는 아주 좋은 기회입니다.

어릴 적부터 역사에 관심이 많은 학생들은 수원, 경주 등 다양한 역사유적지역을 경험해본 덕분으로, 직접적으로는 역사 과목에서 암기하기 어렵다는 문화파트에 강점을 보이곤 합니다. 경험하지 않고 단순하게 외우기만 하는 것 아니라, 직접 보고 만져보고 느껴본 문화유산을 2차적 학습으로서 교과서로 만나게 되는 것이기 때문에 '이미 경험해본 것을 글로 다시금 익혀보는 반복의 시간'으로 만들어나갈 수 있는 것입니다. 어린이 법조감시단으로 활동해본 학생들은 자연스레 사회과목 및 나아가 고등부의 법과정치 과목에 강점을 가질 수밖에 없습니다. 입법, 행정, 사법으로 분리된 국가제도를 경험으로 이해하기 때문에 막연히 교과서의 글자만으로 접한 학생들과는 매우 뚜렷한 차이점이 발생하는 것입니다. 과학 과목에서도 전자기 현상을 과학체험전에서 직접 경험해본 학생들이 '플래밍의 왼손법칙' 등을 보다 직관적으로 이해하고 응용해낼 수 있습니다.

고교학점제가 도입되면 교과목의 명칭 및 내용 또한 보다 진로에 직접적인 것으로 탈바꿈하게 됩니다. 이제는 단순한 역사, 과학이라는 과목 명칭이 아닌, '역사로 탐구하는 현대 세계', '과학의 역사와 문화' 등으로 등장하게 됩니다. 고교학 점제와 같이 변화하는 교육제도에 적응하기 위해서라도 경험 은 필수전제요소가 됩니다.

경험은 가장 위대한 스승입니다. 가장 위대한 스승에게 먼 저 깨달음을 얻은 후 추가적인 학습이 이루어질 수 있다면, 대한민국의 모든 학생들은 한층 높은 수준으로 진로탐색을 이행할 수 있을 것입니다. 국가적인 노력과 개인적인 노력이 함께 이루어지고 나아가 다양한 매체를 통해서도 우리 학생 들이 주인공이 되어 많은 경험들이 이루어지를 바랍니다.

 이승현 작가의 한 마디

> 경험은 최고의 스승입니다. 경험을 통해 본인의 관심사를 정확히 파악할 수 있고, 이것이 진로진학과 연계되었을 때 최고의 성과가 도출 될 수 있습니다. 대한민국의 모든 학생들이 각자의 진로를 탐색할 수 있는 제도를 구축하게 된다면, 다양한 사회적 비용 손실을 미연에 방지할 수 있습니다. 일관적인 교육제도에서 탈피하여 학생들 스스로 주도적인 진로탐색과 학습이 이루어질 수 있도록 고교학점제와 연계된 다양한 사회활동이 반드시 구축되어야할 것입니다.

신념을 가진
아이로 키워라

저의 대학교 전공은 '생명과학'이었습니다. 중학교 때부터 과학이란 과목을 좋아했던 것이 고등학교 때 생명과학이라는 분야로 확장되어, 대학생이 되면 무조건 생명과학을 공부하고 싶다는 목표가 확실히 있었습니다. 하지만 이러한 목표는 몇 년 되지 않아 흔들리고 맙니다. 대학교에서 실제로 전공과목을 배우면서 '나와 맞지 않다'라는 느낌을 받게 되었던 것이죠. 이런 느낌이 확신으로 와 닿는 순간 당연히 지금까지 옳다 생각했었던 저의 목표와 지향점이 송두리째 흔들렸습니다. 더불어 앞으로 '그럼 나는 무엇을 해야 하지?'라는 고민이 제 앞길을 뒤덮게 되었죠.

그 당시 저에게 전환점을 가져온 것은 한 학생을 과외로 만나고부터였습니다. 처음 만났던 그 학생은 고등학교 3학년 학생, 그럼에도 불구하고 중학교 수학조차 되어 있지 않은 학생이었죠. 스스로 너무나도 실력이 부족함을 알고 있음에도 하고 싶은 것이 명확했던 그 학생은 대학교에 가서 세무사가 되고 싶다는 목표가 있었습니다. 이 학생의 그 간절한 기대와 다짐은 저를 흔들어 놓았고, 그렇게 기적 같은 일이 일어나게 됩니다. 3월 모의고사 7점이었던 점수가 수능에서 77점이라는 약 11배의 점수 향상을 기록하게 된 것이죠. 이것이 가장 단기간에 가장 많은 성적을 올리게 된 첫 제자이자, 제가 강사가 된 결정적 계기가 되었습니다.

삶을 살면서 스스로의 목표와 목적이 바뀌는 현상은 언제든지 발생할 수밖에 없는 필연적인 현상입니다. 어렸을 적 막연한 꿈을 가지고 살아가지만 성장하면서 그 꿈이란 원석은 조금씩 현실을 만나며 빛을 잃어가거나 주변 환경으로 인해 변화해 갑니다. 아무리 당연한 나의 길이라 생각했던 것도 막상 시작해 보면 그것이 내 길이 아닐 수도 있는 법입니다. 그렇기에 함부로 아이의 길을 하나로 정해버리는 것은 위험할 수 있는 것이죠.

대표적으로 전문직의 경우, 학생 스스로가 학업 도중에 방향성을 변경하기가 매우 힘이 듭니다. 혹여 실제 전문직이 되기 위해 열심히 공부해서 그 직업을 가지게 되었으나, 후에 그 직업이 맞지 않는다고 다른 직업으로 바꾸기가 대단히 어렵습니다. 지금까지 공부해 온 것도 많지만, 하나의 공부를 오래 하다보면 다른 직업으로의 전직이 쉽지 않기 때문이죠.

그래서 저는 의대나 치대 혹은 약대에 진학하고자 하는 학생들에게 항상 이렇게 질문을 합니다. "의대를 가고 싶은 이유가 뭐니? 그래서 졸업 이후에 무슨 일을 하고 싶니?" 실제로 10에 9는 대부분 "그냥 돈을 많이 벌어서요.", "엄마가 의대가면 좋다했어요."로 대답합니다. 이러한 학생들에게 저는 다시 한 번 '왜'에 대해 충분히 고민해보라 조언하죠. 그렇게 삶의 방향성이나 비전이 서있지 않은 상태로 대학교에 진학하게 되면, 자신의 적성과 맞지 않을 가능성이 매우 크기 때문입니다. 제 친구 중 하나가 그러한 케이스였습니다. 피를 너무나도 싫어해서 대학에서 진행하는 실험에 참여를 마다했던 친구가 부모의 성화에 못 이겨 의대에 진학했다는 소식을 듣게 되었습니다. 이 친구는 결국 의대 공부를 포기하고 현재 자신이 하고 싶었던 가게를 열어 크게 성공하게 됩니다. 맞지 않은 적성으로 자신을 가두지 않고 잘 맞는 일을 함으로써 더욱 큰 시너지를 만들어 낸 것이죠.

저는 학생들과 학부모들에게 어릴 때부터 공부를 열심히 하는 것보다 중요한 것은 스스로에게 강한 신념을 품도록 하는 것이라고 조언합니다. 스스로의 신념은 가려는 방향이 올바른 방향인지 그리고 내가 하는 것이 정말 바라는 것인지를 판단하는 기준점으로 작용합니다. 이러한 신념이 잡혀 있는 친구들은 적성이나 진로를 자신의 의지로 정하고 진로를 구체화하는 과정에서 필요한 부분들을 자기 주도적으로 탐색하거나 만들어 갈 수 있습니다.

그럼에도 항상 불안한 어른들은 아이들의 결정이나 생각을 받아들여 주지 못합니다. 오히려 '네가 뭘 알아'식으로 의견을 묵살하거나 결정할 기회 자체를 주지 않는 학부모도 많이 보아왔답니다. 아이들이 스스로 홀로 서기 위해서는 지금 자신이 가고 있는 방향이 올바른 방향인지 점검할 수 있는 능력이 있어야 합니다. 이 방향은 부모나 선생이 결정해 줄 수 있는 것이 아닙니다. 과거의 경험에 비추어 이야기를 해 주다가는 평생 새로운 곳으로 출항하지 못하게 밧줄로 옮아 메고 있는 것과 같으니까요.

"어른들은 아이에게 한걸음 물러나 믿음의 시선으로 그들을 지켜봐야 합니다. 아이의 문제를 대신 해결해 주고 싶은 마음이 굴뚝같아도 꾹 눌러 참고 아이가 스스로 해결책을 찾도록 묵묵히 기다려 주는 것이 좋아요." 자녀 교육 전문가 오은영 박사의 말입니다. 아이 스스로가 방향키를 잡게 해 주는 것이 스스로의 신념을 만들 수 있게 도와 줄 수 있는 가장 좋은 지름길이란 것이죠.

스티브잡스가 애플이라는 회사를 키우기까지 정말 많은 역경과 시련이 있었음에도 가장 성공적인 회사로 만들 수 있었던 이유는 그의 강한 신념이 있었기 때문입니다. 그의 말 중에 유명한 말이 있습니다. "내가 뭘 할 때마다 사람들은 저에게 미쳤다고 이야기 했어요. 저는 그 말들을 무시하고 밀어붙였죠. 그게 애플의 성공비결입니다." 이 강한 신념의 원천은 자신에 대한 강한 확신, 자존감에서부터 나옵니다. 우리 아이의 미래는 누군가가 결정해 주는 것이 아닙니다. 아이 스스로 결정하는 것이죠.

아이들의 신념 그리고 목표는 어른들의 의지로 결정되는 것이 아닙니다.

아이 스스로가 완성해 가야 하는 지향점이자 방향키가 되어야 하는 것이죠. 신념의 방향키를 잡고 자연스레 인생이라는 바다를 항해할 수 있도록 도와주세요. 아이들은 각자의 목표를 향해 최선을 다해 항해할 것입니다.

📖 서동범 작가의 한 마디

아이를 부모의 의도와 방향대로 억지로 끌어갈 경우, 어른이 되어서 제대로 된 방향키를 잡지 못합니다. 신념이란 방향키를 잡을 수 있도록 어렸을 때부터 스스로 비전을 찾게 해주세요. 아이가 자신에 대한 강한 확신과 자존감을 키울 수 있도록 도와주세요.

유별나지 않은 엄마의
유별난 아이

아이가 자라서 처음 초등학교를 입학하는 날은 참으로 감격스럽습니다. 특히 첫 아이라면 그 감격은 더 크게 느껴지곤 하지요. 내 아이가 초등학생이 되었다는 것도 감격스럽지만 나 또한 학부모가 된다는 것에 많은 의미가 부여되기도 하고 왠지 모를 벅차오름을 느끼게 됩니다. 하지만 감격과 더불어 걱정이 많이 되기도 하지요. 마냥 아기 같은 우리 아이가 교실은 잘 찾을 수 있을지 부터 친구들과 잘 어울릴지, 수업 시간에 잘 앉아 있을지 등등 엄마는 걱정이 많습니다. 이렇듯 초등학교 입학은 학교생활 적응에 대한 걱정과 염려가 시작되는 날이기도 합니다.

그렇다면 우리 아이가 중학교에 입학할 때는 어떨까요?

중학교 생활 적응에 대한 걱정과 염려도 물론 있겠지만 학업에 관련된 걱정이 가장 큰 부분을 차지하고 있는 것 같습니다. 많은 초등 학부모들과 상담을 해보면 예전과는 다르게 공부만을 과하게 강요하기 보다는 아이가 즐겁게 공부하기를 원하시는 경우도 많습니다. 하지만 이런 학부모들도 중학생이 되면서부터는 공부에 대해 신경을 많이 쓰게 된다는 것이죠. 그러다보니 아이 입장에서는 중학생이 되는 것이 싫게만 느껴지기도 합니다. 초등학교 때와는 달라진 엄마의 학습 요구를 잘 이겨내지 못하는 경우도 있습니다. 혹은 초등학교 때부터 엄마의 과한 교육열에 멋모르고 따라가다가 중학생이 되면서 오히려 공부를 등한시 하는 경우도 있습니다.

몇 년 전 초2 아이를 데리고 상담오신 어머니가 있었습니다. 어머니는 아이 공부에 관심이 많으셨습니다. 이미 5살 때부터 영어를 시작했다고 하셨고 그만큼 아이도 잘 따라와 준다고 하셨습니다. 이미 학원도 여러 곳을 보내고 있었고, 어머니께서 집에서도 늘 함께 공부를 봐 주고 계신다고 하셨어요. 늘 아이의 행동 하나하나에 민감하게 반응하시고 항상 걱정으로 가득하셨습니다. 학원에서 보는 시험에서 조금만 점수가 떨어져도 걱정하시며 상담을 요청하셨습니다. 몇 군데의 학원을 보내면서도 숙제도 많이 내달라하셨고요. 제가 보기에는 학습량이 조금 과하다 싶었지만, 어머니는 아이가 그만큼 따라와 준다며 만족해하시는 듯 했습니다. 하지만 학년이 올라가면서 아이는 산만해지고 집중하지 못하는 모습을 보였습니다. 종종 의욕 없는 모습을 보이며 숙제도 대충하거나 하지 않는 날도 많아졌습니다. 누가 봐도 공부에 흥미가 없는 태도였습니다. 그리고 중학생이 되면서 그런 모습은 점점 심해졌고 당연히 어머니는 속을 태우고 힘들어 하셨습니다.

또 다른 학부모에 대해 얘기해보겠습니다. 이 어머니는 초등학교 때 아이의 공부나 학습 습관보다 공부 외의 다른 경험을 많이 하는 것이 좋다고 하셨습니다. 그래서 성적은 크게 중요하지 않으니 아이가 즐겁게 다닐 수 있게 해달라는 말씀만 하시곤 했지요. 숙제가 원활히 이루어지지 않아 연락을 드리면 아이가 힘들어 하면 숙제를 내주지 않아도 된다고 하셨어요. 학원에서 학습과 관련된 상담을 드려도 크게 중요치 않게 여기시는 듯 했습니다. 중학생이 돼서도 시험기간 보충 수업에 참석 안하고 아이가 하고 싶은 대로 두는 스타일이라고 해야 할까요? 그런데 중학교 2학년 첫 시험 결과가 나오고 어머니는 충격을 받으셨지요. 그리고는 공부하지 않는 아이 탓을 하시며 앞으로는 무조건 강하게 공부 시켜달라고 부탁하셨습니다. 하지만 그 동안 잡히지 않던 학습 습관이 하루아침에 잡히지 않는 것은 너무나 당연한 일이지요. 아이는 아이대로 스트레스를 많이 받아했습니다. 이런 경우 오히려 엄마와 아이와의 관계만 무너지고 결국 '난 모르겠다. 니가 알아서 해라.'가 되어 버린답니다.

이렇듯 다양한 생각을 가지고 초등학교 생활을 보내게 했던 학부모들도 중학생이 되면서는 공부, 시험이라는 공통의 관심사로 몰리게 되는 경우를 많이 보게 됩니다. 하지만 너무 어려서부터 엄마에 의한 과도한 공부량에 지쳐있던 아이나 올바르지 못한 학습 습관이 배어있는 아이, 초등학교 내내 공부와는 관심 없고 놀기만 하던 아이가 중학교에 올라가고 고등학교에 올라가면서 공부를 잘하기란 생각만큼 쉬운 일은 아닙니다.

저희 학원은 시험 3주 전부터 학원 정규수업이 끝나고 학원운영시간이 끝날 때까지 남아서 공부하도록 하고 있습니다. 물론 강요는 아니고 원하는 아이들이 자발적으로 참여하고 선생이 감독을 하고 있습니다. 이 기간에 공부하는 아이들을 보면 "이 아이는 정말 공부를 잘하는구나!", "공부하는 방법을 아는구나!"라고 하는 친구들이 있습니다. 이런 아이들의 공통점은 그날그날 무엇을 공부할지 알고 있고 노트 정리를 비롯하여 공부하는 방식을 찾아 효율적으로 한다는 겁니다. 무엇보다 공부하는 시간을 즐기고 있는 듯 보인다는 것이죠. 그 만큼 학업성적도 우수하답니다. 혹은 점점 성적이 향상되고 있으며, 간혹 그렇지 않더라도 긍정적으로 다음 시험을 준비합니다. 이런 아이들의 모습이야말로 어느 부모나 바라는 그러나 흔치 않은 아이들의 모습이 아닐까요?

시험기간 공부 중인 학생 모습

　스스로 공부하려 하고 공부에 대해 긍정적인 마음을 갖고 노력하는 아이들의 학부모들은 어떤 분들일까요? 자기주도 학습에 대해 공부하고 자녀를 지도하신 분들일까요? 학습전 문가일까요?

　이런 친구들의 어머니들은 전혀 유별나거나 남다르지 않으셨습니다. 소위 말해 유난스럽게 간섭을 하지도 않고 그렇다고 무관심하지도 않으십니다. 학원에서 보내드리는 월말분석표 학부모 의견란이 있는데 이런 어머니들은 늘 아이들에게 응원과 지지의 메시지를 적어주십니다. 선생들에게도 감사의 표현과 함께 격려의 메시지를 전해주십니다.

> 올바른 정서는 아이가 스스로 옳은 선택을 하고, 혼자서 해결할 수 있다는 엄마의 믿음에서 시작한다. 엄마는 선을 그어주고 기준을 세워주기만 하면 된다
>
> _최은아,『자발적 방관육아』

제가 지금까지 봐 온 아이들 중 유별나게 잘하는 아이들의 어머니들은 오히려 유별나지 않았던 것 같습니다. 이 말은 공부를 너무 많이 시키지 말라는 의미와는 다릅니다. 무엇이든 지나치면 역효과가 나듯이 아이에 대해 적절한 관심과 개입이 필요하다고 생각됩니다. 시켜서 잘하는 것은 분명 한계가 있기 마련입니다. 아직 엄마 눈에는 부족해 보일지라도 믿고 지켜봐 준다면 우리 아이들은 학년이 올라갈수록 더욱 발전해 나아갈 것입니다.

 김홍임 작가의 한 마디

우리 아이들이 올바른 학습 습관을 갖고 긍정적인 태도로 자발적으로 공부하기를 원한다면 과도한 간섭과 무조건적인 방관은 좋지 않습니다. 대신 아이에 대한 믿음을 가지고 관심 있게 지켜 봐 주시고 필요할 때 적절한 도움을 주세요. 아이들은 생각보다 더 큰 잠재능력을 가지고 있답니다.

내 진솔한 이야기로
인생을 바꾼 제자

2018년 햇볕이 따스하게 어깨에 내려앉아 포근한 어느 봄날, 전화벨이 울렸습니다. 도현 어머니의 전화였습니다.

"선생님, 도현이가 자퇴하겠대요."

"네? 아니, 갑자기 왜요?"

"도통 말을 하지 않아요. 그냥 학교 다니기 싫대요. 검정고시로 졸업하면 되지 않냐고 고집을 피우는데…. 몇 날 며칠을 설득해도 듣지 않아요. 저도 애 아빠도 이제 포기했어요."

"아니, 그래도 어머님, 포기하시면 안 되죠."

"내일 자퇴서 내기 전에 그냥 선생님께 연락 한 번 드려 봤어요."

그렇게 말씀하시는 어머니의 목소리에는 희망 한 자락도

없어 보였습니다. 나는 어머니께 부탁하여 다음 날 학교에 가지 않은 도현이와 만났습니다. 도현이에게 무슨 말을 해야 할까 한참을 망설였습니다. 내 마음도 도현이만큼 무겁고 착잡했습니다. 이제 막 고등학교 2학년이 된 도현이에게 학교는 왜 불편한 곳이 되었을까? 나는 고등학교 때 어땠지? 떠올려 보았습니다. 그리고 너무 아파서 꺼낸 적이 없었던 고3 때의 이야기를 도현이에게 들려주었습니다.

고등학교 3학년 식목일에 터졌던 사건. 그때 당시 고등학교 1학년이었던 남동생이 친구들과 놀다가 그만 싸움이 일어났어요. 우발적인 사건이었지만 그 일로 한 친구에게 상해를 입혔습니다. 어머니는 선처를 구하는 과정에서 우리 집을 내어주게 되었습니다. 하루아침에 집을 잃은 나는 무척 힘겨웠습니다. 책상 앞에 앉아 있었지만, 공부가 잘되지 않았고 그저 지금 상황이 암울하기만 해서 눈물만 흘렸던 것 같습니다. 몇 개월을 친척 집에서 지내던 어느 날 어머니가 다니던 절의 주지 스님이 절 밑에 작은방 하나를 마련해 주었습니다. 덕분에 손바닥만 한 방에서 엄마와 막냇동생과 함께 지낼 수 있게 되었습니다. 우리 집 세간은 대웅전 뒤에 놓았습니다.

절 밑의 작은방은 마포에 있었는데 버스 정류장에서 한참을 걸어 올라갔던 기억이 납니다. 야간 자습을 마치고 집으로 가는 길 어머니는 아픈 몸을 이끌고 정류장까지 나와서 고3 딸아이의 무거운 책가방을 대신 받아 들고 함께 걸었습니다. 달빛

받은 어머니의 입술엔 미안하다는 소리만 흘러내렸습니다.

그렇게 고3을 힘겹게 보냈습니다. 나는 학력고사를 마치고 대학 합격자 명단을 보러 지원한 대학교 교정을 찾아갔습니다. 커다란 게시판에는 합격자의 이름이 빼곡히 적혀 있었는데 아무리 찾아봐도 내 이름 석 자가 보이질 않는 겁니다. 합격을 자신했던 나는 그 자리에 멈춰서 한 발자국도 떼지 못한 채 오랫동안 아주 꽤 오랜 시간 동안 서 있었습니다. 고등학교 시절 내내 공부만 했다고 자부했는데 대학에서 나를 받아주지 않는다니.

멍하니 합격자 명단 앞에 서 있다가 난 죽어야겠다고 생각했습니다. 집은 이미 풍비박산의 상태여서 고3 내내 암울한 마음으로 학교에 다녔습니다. 그래서 집에다 나의 대학 불합격 소식까지 얹어 놓으려니 어머니 얼굴 볼 면목도 없었고, 그러잖아도 우울하고 슬프고 괴로운데 잘 됐다. 차라리 그만 살자! 그렇게 되뇌면서 부산행 버스를 탔던 겁니다.

목적지가 왜 부산이었냐고요? 외할머니댁이 부산이거든요. 부산에 도착한 시각, 이미 날은 어둑어둑했고 낯선 부산은 생각보다 더 춥고 두려웠습니다. 처음 부산행 버스를 탔을 때만 해도 태종대 바다로 가서 빠져 죽어야지 하는 마음만 가득 차 있었는데 말이죠. 그런데 서울에서 부산까지 먼 거리를 달려와 피곤했던 탓일까요? 도착한 부산이 낯설고 무섭게 느껴졌습니다. 부산에 도착은 했지만 뭘 어찌해야 할지 막막했습니다. 무섭기도 했고요. 나는 용기 내어 엄마께 전화를 걸었습니다.

"엄마."
"너, 어디니?"
"엄마, 나 부산 왔어."

엄마와 통화를 하던 나는 결국 울음을 터트리고 말았습니다. 엄마는 내 마음을 헤아린 듯 왜 부산에 갔는지 묻지 않으셨습니다. 다만 이모의 전화번호를 알려주면서 이왕 갔으니 푹 쉬다 오라고 하셨죠. 그렇게 나는 며칠 동안 부산에서 시간을 보내게 되었습니다. 부산에 있는 동안 바다만 보았던 것 같습니다. 바다가 몸부림치며 보내는 물결과 물거품에 넋을 잃었고 파도치는 겨울 바다를 바라보면서 계속 말했습니다. 나에게 왜 이런 시련을 주는 거냐고 억울하다고 말이죠. 여행 아닌 여행을 마치고 돌아온 서울에서 무기력한 나날을 보내다 다시 공부를 시작했습니다.

시험 전날 어머니는 아파 누워 계셨고 아버지는 외국에 있는 상황이라 나는 친구네서 잠을 자야 했습니다. 친구 어머니가 싸주신 도시락을 들고 친구 아버지 손에 이끌려 시험을 보러 갔습니다. 시험을 다 치르고 나오는데 친구 아버지가 기다리고 있었습니다. 초등학교 다닐 때 친구와 함께 한자 공부를 가르쳐 주셨던 친구 아버지가 나를 향해 미소 지으시는데 나는 그동안의 서러움이 복받치듯 올라와 울컥했습니다.

　나의 이야기를 묵묵히 듣고 있던 도현이에게 말을 걸었습니다.

　"도현아, 선생님도 고3 때 학교 다니기 무척 힘들었어. 그렇다고 사고 친 남동생 탓하고 내 처지를 원망만 했다면 어땠을까? 살던 집도 없어지고 엄마는 아파서 거의 누워만 있고, 아버지는 일하러 외국으로 나가셨고. 하루하루가 숨이 막히게 힘들었던 것 같아. 그래도 하루하루를 버텼어. '오늘 하루 잘 지내자.' 그런 마음으로 말이야. 난 학생이니까 공부했고, 집에 오면 집안일 돕고 그렇게 하루를 보내고 1년을 보냈어. 도현이가 지금 무엇 때문에 힘들어하는지 선생님은 잘 모르겠어. 지금 너에게 무슨 말을 어떻게 해줘야 할지도 잘 모르겠고. 그런데 말이야. 도현아, 선생님이 힘들 때 상황 탓만 하고 공부도 안 하고 학교도 안 다니고 그랬다면 어땠을까 싶어. 어떤 상황이든 도망치려고 하지 말고 부딪쳐 봤으면 좋겠어. 그게 무엇이든. 못 견디게 힘들면 이야기를 해줘. 그래야 엄마도 아빠도 선생님도 우리 도현이를 도와줄 수 있어. 도현이는 엄마 아빠의 소중한 아들이고, 선생님한텐 소중한 제자고 모두 너를 걱정하잖아."

　"네⋯."

　"도현아, 선생님이 어떻게 도와줄까?"

　"선생님, 전 그 교실엔 들어가고 싶지 않아요. 숨이 막혀요."

"그래, 숨이 막힐 정도로 힘들면 학교 다니기 힘들지. 그럼, 우리 다른 학교로 전학가자. 도현이 일반고니까 자사고로 전학 갈 수 있어. 그건 어때?"

그저 묵묵히 이야기를 듣기만 했던 도현이는 집으로 갔고 다음 날 도현이 어머니로부터 전화가 왔습니다.

"선생님, 도현이 학교 다니기로 했어요. 선생님께 무슨 이야기를 들었는지 통 말은 안 하고 전학시켜주면 학교 다니겠대요. 너무 감사해요."

2022년 6월에 도현이로부터 카톡 메시지가 왔습니다. 군대 가기 전에 인사하고 싶다는 연락이었어요. 이제는 성인이 된 도현이와 함께 맥주를 마시면서 지난 이야기를 나누었습니다.

"도현아, 고2 올라가자마자 자퇴한다고 했었잖아. 그때 선생님이랑 이야기 나누고 나서 마음 바뀌었던 특별한 계기가 뭐였는지 물어봐도 될까?"

"회피하지 말라고 하셨던 게 아직도 기억에 남아요! 그때 저는 항상 부모님에게 책임을 떠넘기던 시절이라 그게 가장 결정적이었어요."

도현이의 말을 듣고 보니 내가 도현이에게 무슨 말을 했었는지 어렴풋이 떠올랐습니다.

아들을 군대에 보낸 도현 어머니와도 오랜만에 만났습니다. 맛난 점심을 먹고 차를 마시면서 지난 이야기를 나누었습니다.

"선생님이 우리 도현이 붙잡아 주셔서 도현이가 OO고로 갔었죠. 저는 애를 학교에 들여보내고 아침마다 학교 담 밖을 걸으면서 기도했어요. 선생님, 성경에 나오는 다윗과 골리앗 이야기 아시죠? 저는 도현이가 거대한 골리앗 앞에서 혼자 싸우는 다윗 같은 느낌이 들었어요. 여기서도 적응 못하면 진짜 학교 못 다니겠다는 생각에 정말 절실하게 하나님께 기도했어요. 하루에 한 끼만 먹고 금식하면서 40일간 학교 담 밖을 걸었어요. 토요일, 일요일까지도요." 이야기를 듣고 있는 내내 그 당시 어머니의 애절함과 절박함이 온몸으로 느껴져 먹먹했습니다.

"아, 어머님의 기도로 도현이가 고등학교 무사히 졸업하고 또 공부도 열심히 했던 거군요. 도현이도 이 사실 알아요?"

"아니요. 말하지 않았으니 모르죠. 저는 정말 선생님이 은인이에요. 우리 도현이 구해주셨잖아요. 저랑 남편이 그렇게 설득해도 말 듣지 않던 아이가 어떻게 선생님 만나고 나서 마음을 바꿨는지, 선생님 정말 감사해요."

도현 어머니와 헤어지고 집으로 돌아오는 길에 나는 도현이에게 좋은 선생님이었구나 생각하니 뿌듯했습니다. 앞으로도 아이들의 마음을 따뜻하게 어루만져 줄 수 있는 포근한 선생님이 되어야겠다고 생각했습니다.

 고민서 작가의 한 마디

상처는 끄집어내야 치유가 됩니다. 나의 상처를 드러내야 누군가로부터 도움을 받을 수 있어요. 아이가 끄집어내지 못한다면 부모가 도와주세요.

PART
V

4차 산업혁명 시대,
우리 아이에게 필요한
핵심 역량

스스로의 경험을 통해
얻을 수 있는 많은 배움과 즐거움의
기회를 빼앗지 말아야 해요.

그것이 바로 내면의 힘을
키울 수 있는 방법 중 하나입니다.

아이들은 우리의 생각보다
더 잘 할 수 있답니다.

대신 해 주기보다
조금만 기다려주고 응원해주세요.

울 엄마의
최고 교육

　대학 연합동아리 오케스트라에서 첼로를 연주하는 딸이 연습을 마치고 집으로 왔습니다.

　아이는 한껏 상기된 얼굴로 이렇게 말을 건넵니다.

　"엄마가 나한테 교육한 것 중에 최고는 악기를 배우게 한 거예요. 엄마 진짜 고마워!"

　커다란 첼로를 어깨에 메고 들어오는 아이의 얼굴엔 행복의 부스러기가 남아 햇살이 가득합니다.

　아이의 행복한 모습을 보니 피아노를 배우고 싶어 했던 어린 내가 떠올랐습니다. 초등학교 2학년 때 하루는 친구가 학교에 바이올린을 들고 왔습니다. 바이올린을 처음 본 나는 그 친구가 마치 다른 세상에서 온 천사처럼 보였어요. 친구는 피아노도 무척 잘 쳤습니다. 그 집에 놀러 가면, 친구는 피아노 앞에 앉아서 건반을 두드리곤 했는데 그 모습이 부럽기만 했지요. 그러다가 나도 엄마를 졸라서 피아노를 배우기 시작했습니다. 집에는 피아노가 없어서 학원에서 연습하는 게 고작이었으니 피아노 학원을 절대 빠진 적이 없었죠. 그렇게 나는 피아노가 좋았고 피아노 치는 게 너무 좋아서 계속하고 싶었지만, 중학생이 되고 나서는 그만두어야 했습니다. 음대에 갈게 아니면 공부에 집중하라는 담임선생님과 어머니의 결정에 나는 속수무책이었죠.

초등학교 때 피아노를 좋아했던 나와는 달리 딸아이는 피아노 치는 것을 좋아하지 않았습니다. 피아노 선생이 엄격했거든요. 아이가 피아노 연습을 해오지 않으면 손등을 막대기로 때렸습니다. 악기를 배우는 것은 아이에게 행복한 마음을 주고자 했던 것인데 그것이 아이를 지나치게 괴롭힌다면 고민해 봐야 할 요소였죠.

"우리 피아노 말고 다른 악기 배울까?"

그렇게 아이와 상의 후 우리가 선택한 악기는 첼로였습니다.

내가 가르치는 학생 중 준호가 첼로를 배운다는 걸 알고 어머님께 여쭈었습니다.

"준호 어머님, 준호 첼로 언제부터 배웠어요?"

"초등학교 때 시작했는데 중간중간 많이 쉬었어요."

"준호 고3인데도 어머님은 꾸준히 레슨받게 해주시네요?"

"예, 연습은 못 해도 저는 준호가 레슨 시간만이라도 첼로 하는 게 너무 좋아요. 문밖에서 우리 아들이 연주하는 첼로 소리 들으면 정말 행복하거든요."

나도 딸아이의 연주 소리를 들으면 마음 가득 충만감이 느껴집니다. 서투르고 틀려도 기분이 좋습니다. 게다가 연습을 통해 나아진 아이의 연주를 들으면 기쁨은 배가 됩니다. 그 기쁨은 연주하는 아이에게도 찾아옵니다. 기타리스트 톰 히니(Tom Heany)도 손을 움직여서 하는 것에는 굉장한 기쁨이 있다고 표현했습니다. 모형 비행기 만들기, 뜨개질, 요리, 저글링처럼 음악도 그것을 하는 동안의 느낌을 즐긴다고요.

악기 배우는 것이 아이에게 또 어떤 효과가 있을까요? 우선, 악기를 배우다 보면 더 높은 레벨로 올라가기 위해 충분히 연습해야 합니다. 자신이 목표하는 레벨까지 올라가기 위해 노력해야 하는 거죠. 그 과정에서 아이는 인내심을 기르게 되고 집중력도 높아집니다.

> 역기를 드는 사람들은 안다. 진정한 발전은 몸과 마음이 무게를 견디기 힘들어 그만하라고 말하는 순간이 지나고 나서 조금 더 계속하는 바로 그 순간에 일어난다는 것을. 악기 연습을 할 때도 마찬가지다. 끈질겨져야 한다.
>
> _톰 히니, 『악기 연습하기 싫을 때 읽는 책』

둘째로 어려운 순간을 이겨내면서 연주하는 순간, 해내었다는 성취감도 느끼게 됩니다. 그렇게 악기 연습을 통해 연주하게 되면 친구나 가족과 함께 음악을 누릴 수 있는 즐거움도 만끽할 수 있습니다. 또 악기 연주와 함께 아이는 학업에 대한 스트레스도 해소할 수 있습니다. 자신이 연주하는 아름다운 선율을 들으면 정서가 안정되고 마음엔 평화가 깃들게 됩니다.

대학에 들어간 아이는 오케스트라 봉사단에 가입해서 오케스트라 활동을 즐겁게 하였습니다. 연말연시 지하철역에서 오케스트라 연주를 하고 돌아온 아이의 얼굴엔 무언가 의미 있는 일을 했다는 뿌듯함과 자부심도 가득했습니다.

엔젤라 더크워스는 저서 『그릿(GRIT)』에서 1년 이상 특별활동을 한 학생은 대학을 졸업할 가능성과 청년기에 지역사회에서 봉사활동할 가능성이 더 크다고 말한 바 있습니다. 봉사를 통해 얻는 기쁨도 악기 연주를 통해 얻는 기쁨도 모두 아이의 정서에 좋은 영향을 끼쳤으리라 생각합니다.

음악을 항상 곁에 두고 연마해 극진한 수준에 도달하게 되면 마음이 다스려진다. 조화롭고, 곧고, 자애롭고, 신실한 마음이 풍성하게 생겨나서 자리 잡게 되는 것이다. '조화롭고 곧고 자애롭고 신실한 마음이 생겨나면 즐겁게 되고, 즐겁게 되면 편안해지고, 편안해지면 오래갈 수 있고, 오래가면 하늘처럼 되고, 하늘처럼 되면 신령해진다'라는 구절은 음악을 통해 마음이 조화롭게 되면 얻을 수 있는 이점을 단계적으로 말하고 있다.

_조윤제, 『다산의 마지막 공부』

 고민서 작가의 한 마디

아이가 악기를 정하고 배울 수 있게 도와주세요.
악기를 배우며 터득하게 되는 여러 장점 중 최고는 정서적 안정감과 행복한 마음입니다.
음악을 가까이 하는 사람은 풍성하고 아름답고 행복한 삶을 살게 됩니다.
행복한 삶은 사회 구성원들이 서로를 배려하고 공감하는 가운데서 형성됩니다.
그리고 공감하는 마음은 풍부한 감성으로부터 얻을 수 있습니다.
감성 능력을 키우기 위한 하나의 방법으로 악기 배우기를 추천합니다.

인공지능과
마주하기

2016년 한국 사회에 큰 화두를 던졌던 사건을 있었습니다.

그것은 구글이 개발한 인공지능 알파고와 프로 기사 9단 이세돌의 바둑 경기였습니다. '인간과 기계의 대결'이라는 타이틀 속에서 전 세계가 주목하고 국내에서도 대서특필되었던 큰 대국이었습니다.

그 당시 많은 사람들은 '인공지능'이라 하면 예측할 수 없는 미래에 대한 막연한 두려움을 주는 영화의 소재로 인식하거나 먼 미래의 이야기 또는 SF같은 판타지의 세계라고 생각했습니다.

이세돌의 알파고에 대한 4번의 패배는 사람들에게 엄청난 충격과 두려움으로 주었습니다. 다행히 1번의 승리는 인간의 가능성에 대한 위안이 되었습니다. 그 이후 인공지능으로 대표되는 4차 산업혁명에 대한 사람들의 관심은 폭발적으로 높아져갔습니다. 4차 산업혁명은 인공지능(AI), 사물인터넷(IOT), 로봇기술, 드론, 자율주행 자동차, 가상현실(VR) 등이 주도하는 차세대 산업혁명으로 많이 익숙해진 개념입니다.

우리는 인공지능에 의해 변화될 미래 세계에 대해 얼마나 관심을 가지고 있을까요?

사실 우린 이미 인공지능에 의한 빅데이터의 삶속에 들어와 있습니다. 우리가 컴퓨터나 스마트폰의 쇼핑 어플 속에서 검색한 단어들에 대해 사용자의 관심을 파악하고 계속된 팝업창이 뜨게 하는 것이 대표적입니다.

미국에서 인공지능의 존재가 충격을 준 큰 사건은 1997년 딥블루가 체스경기에서 인간 최고수를 꺾고 승리함으로써 시작되었습니다. 이후 2011년 인공지능 왓슨은 역사, 철학, 문학, 과학, 예술 등 다양한 분야의 지식을 묻는 미국의 유명 TV 퀴즈쇼 〈제퍼디!〉에서 두 명의 퀴즈 챔피언을 꺾고 승리했습니다. 이 두 사람은 전설적인 우승의 기록을 세운 영웅들이었지만 왓슨에게 처절하게 패배했습니다. IBM이 개발한 왓슨은 프로그램이 아닌 인간의 자연어로 묻는 질문에 사람의 말을 이해하고 방대한 데이터베이스를 이용해 고도의 지능적인 문제들을 분석해 답을 찾아내는 수준에 도달한 것입니다.

그 이후 왓슨은 의학공부를 시작하여 현재 의료 현장에서 세계 최고수준의 인간 의사들을 뛰어 넘는 정확한 진료를 하고 있습니다. 인간으로서는 불가능한 수만 건의 임상데이터를 분석하며 스스로 공부하기 때문에 비교할 수 없을 정도의 방대한 지식을 채워 나가고 있습니다.

최근 영국 법률회사 렉수의 CEO는 "인간 변호사가 300건을 처리하는 동안 인공지능 변호사는 60만 건을 처리하여 로펌의 인건비를 80%이상 줄일 수 있었습니다. 이제 우리는 더 이상 인간 변호사를 뽑지 않고 있습니다."라는 언론 인터뷰를 한 적이 있습니다.

이렇게 여러 분야에서 인공지능이 인간과 경쟁하며 독보적인 지적능력을 보여주는 현실을 이제 우리가 계속 모른 체 외면할 수는 없습니다. 4차 산업혁명 앞에 대응해야 하는 우리의 모습은 이양선이 출몰하던 조선시대 말기인 19세기와 닮아있습니다.

유럽의 열강들이 근대의 과학 기술로 무장하고 조선의 앞

바다에 진출해 올 때 조선의 백성들은 새로운 시대에 대한 설렘과 두려움의 두 가지 마음이 있었습니다. 인간에게는 불확실하다는 것만큼 큰 두려움이 없기에 낯선 것에 대한 두려움이 더 컸을 겁니다. 극소수의 사람들은 변화의 세계를 직감하고 비록 불확실하고 두렵지만 새로운 것에 대한 열린 마음으로 그 세계에 뛰어들었습니다. 서양의 두려운 문물을 거부하고 통상수교 거부정책으로 세상의 변화를 막아낼 수 있다고 믿었던 흥선대원군의 마음으로 우리는 자신만의 우물 속에 갇혀 있는 것은 아닌지 돌아봐야겠습니다.

 김미란 작가의 한 마디

4차 산업혁명의 시대라는 것이 막연하기만 하고 어렵기만 하다고 생각하는 분들도 많을 겁니다. 하지만 이미 우리가 모르는 사이에 시대는 큰 변화의 소용돌이 속에서 빠르게 변화하고 있습니다. 미래를 살아야 하는 것은 우리 아이들만이 아닙니다. 부모 세대 또한 인공지능, 드론, 사물인터넷, 유전자 가위가 만들어내는 삶의 변화를 겪으며 살아야 합니다.

철학적 사고가 우리 아이들의
일상적 사고가 되기를...

한국의 아이들은 '철학'이라는 용어에 많은 정서적 괴리감을 느끼곤 합니다. 철학을 떠올리면 옛 어른들의 고리타분한 생각이라는 선입견이 자리를 잡고 있기 때문에, '지금 나에겐 필요 없는 어려운 이야기'로 치부해버리리 일상입니다.

한국교육과정에서는 철학을 학문적으로 다루기 전 단계로서, 초등교육과정부터 '도덕'이라는 과목명으로 학습을 시작합니다. 중학교까지 도덕과목을 배우다가 고등학교 때 '윤리와 사상'아리는 과목을 본격적으로 접하며, 동서양 성인들의 고전적 사고방식을 개괄적으로 다루게 됩니다. 소크라테스, 율곡 이이 등, 동서양 성인들의 생각을 접하며 드디어 본격적으로 시험을 위한 철학 '암기'를 시작하게 됩니다. 이런 현 교육과정 속에서 과연 우리 학생들이 주체적인 사고방식을 바탕으로 본인만의 삶의 기준을 세워나갈 수 있을지에 대해 많은 고민을 해보게 됩니다.

　몇 년 전 하버드 대학교수 마이클 샌델의 『정의란 무엇인가』라는 책이 한국에서 베스트셀러로 이름을 알린 적이 있습니다. 물론 지금도 많이 회자되는 책이며, 청소년 추천 도서이기도 합니다. 당시 많은 기성세대들은 '정의'라고 하는 추상적인 개념을 이해시키고자 유치원, 초등학생들에게까지 적극적으로 읽혔습니다. 무려 하버드대학의 정치철학 교수라는 분이 쓰신 책이고, 제목도 쉬워 보이는 덕분에 더욱 인기몰이가 되었던 것 같습니다. 물론 학생들이 이해하기 쉽도록 다양한 상황들이 제시되어 많은 고민거리를 던져주기도 하였습니다만, 궁극적으로 마이클 샌델 교수가 다루고 있던 대립가치는 크게는 칸트의 원칙주의와 벤담과 밀의 공리주의였습니다. 다양한 상황들 속에서 어떤 철학적 사고를 중심적으로 활용할 것인지에 대한 내용을 담은 책이었고, 공동선을 위한 대안적 판단을 모색해볼 수 있는 계기를 제공해주었습니다.

　우리 자라나는 학생들에게 깊은 철학적 사고의 기회를 제공해주는 책이기도 하였습니다만, 어른들의 기대와는 다르게 오히려 평소 학생들이 친근하게 생각하던 '정의'라는 개념을 더욱 어렵게 느끼게 만드는 부작용을 만들어내기도 하였습니다. 하버드 대학교 1학년 학생들을 대상으로 가르치는 교양과목 수준의 내용을 담은 책이었기 때문에 한국의 청소년들이 읽기에 어려울 수는 있습니다. 다만, 개인적인 판단으로는 이 정도로 괴리감을 느끼며 책을 멀리하게 될 정도는 아니라고 생각합니다. 윤리와 사상 과목을 접해본 문과 고등학생들은 어느 정도 가볍게 책을 읽어낸 점을 감안해본다면, 철학적 사고 또한 평소의 경험과 이해가 중요한지를 확인해볼 수 있었습니다.

　제가 중학교 2학년 시절, 도덕책에서 '아리스토텔레스의 니코마코스 윤리학'이라는 책을 서평으로 소개한 부분을 본 적이 있습니다. 당시 호기심이 생겼던 저는 도서관에서 그 책을 빌려 집에서 자리를 잡고 읽기를 시작하였습니다. 하지만 얼마가지 않아 나름 충격적인 상황에 처했습니다. 당시의 제가 읽기에 너무 어려운 내용과 문장으로 쓰여 있었기 때문입니다. 니코마코스 윤리학이라는 책이 '한 인간을 둘러싼 여러 인간관계에 관한 철학적 사고와 조언'을 담은 점은 감안한다면, 사실 철학 서적으로는 크게 어려운 내용을 담고 있지 않을 수 있습니다. 지금 읽으면 평소 당연히 여겼던 사실을 조금 더 고급적인 표현으로 감상할 수 있을 정도입니다만, 당시에는 왜 그렇게 어렵게 와 닿았는지, 저 또한 의문입니다. 그 당시 저의 독해력의 한계일 수도 있고 그러한 내용의 책을 읽어본 경험이 거의 없었기 때문에 익숙하지 못한 상황으로 인한 패닉이었을 수도 있겠습니다.

플라톤과 아리스토텔레스를 비교해 읽으며 '사물의 본질'에 대해 고민해보거나, 에피쿠로스학파와 스토아학파를 비교해 읽으며 '행복한 삶이란 과연 무엇인가'라는 고민을 해볼 필요가 있다고 생각합니다. 이러한 고민을 성인이 되었을 때 하더라도 인생에 아주 긍정적인 역할을 할 것이지만, 자라나는 청소년들이 고대/중세/근대/현대 철학을 다루며, 형이상학적인 개념에 대해 본인만의 기준을 세워나간다면 우리 사회가 더욱 신중하고 배려있는 모습으로 바뀌어나가지 않을까 생각합니다.

칸트는 세상을 바라보는 기준을 '사물자체'와 '물자체'로 나눈다고 합니다. 인간에 따라 다르게 판단될 수 있는 사물자체와, 우리가 어떤 기준으로 세상을 바라보는지와 관계없이 절대적으로 존재하는 물자체로 나누어 세상을 바라보다보니, 인간의 유한함을 인식하고 절대적인 진리를 향해 매진해나갈 수 있다고 판단해볼 수 있습니다.

서로의 주장이 더 우월하다고 너나 할 것 없이 대립하는 요즘 시대에, 철학적 사고가 근본적인 해결책이 될 수 있다고 생각합니다. 어린 시절부터, '행복', '사랑', '존재' 등에 대한 사고를 옛 성인들의 생각을 기준으로 배우고 자신의 것으로 발전시켜나간다면, 세대차이나 사회대립까지도 해결할 수 있는 기회가 될 수 있지 않을까요?

내년부터는 금융지식과 관련한 교과목이 현 교육과정에 편입된다고 합니다. 주식, 블록체인 등 다양한 파생상품들이 등장하는 요즈음, 금융공부는 특히나 우리 청소년들에게 중요할 수 있습니다. 현 시대를 살아가는 기술적 개념을 공부하는 것도 물론 중요하겠습니다만, 또한 이보다 근본적인 사고방식이 필요하다고 생각합니다. 현대의 모든 교과목들의 원류는 '철학'이라고 합니다. 철학이 세분화되어 구체화된 것이 현재의 전공과목인 만큼, 철학적 사고를 어린 시절부터 영위할 수 있는 기회가 교육체제를 통해 마련될 수 있기를 기원해봅니다.

 이승현 작가의 한 마디

우리아이들이 왜 공부해야하는지는 외부에 의해 주입될 수 없습니다. 또한 본인이 무슨 공부를 하고 싶은지에 대해서도 외부에 의해 주입될 수 없습니다. 주변의 다양한 추상적인 개념을 근본적으로 고민하는 과정을 거칠 때, 아이는 주체적으로 본인의 삶을 계획하고 실현해나갈 수 있다는 것이죠. 따라서 철학적 사고를 어릴 때부터 학습할 수 있는 환경이 필요하며, 또한 제도적 기반이 마련되기를 소망합니다.

우리 아이들에게 가장 필요한
핵심 역량 '소통'

　우리가 살던 시대는 근대식 학교제도로 상당히 효율적인 시스템을 통해 산업사회의 인력을 양성해 내는 데 성과를 이루기 위한 방식이었습니다. 빠른 속도로 성장하는 2차, 3차 산업 혁명 시대를 살아오며 효율적으로 많은 학생들을 가르치기 위한 대량교육 시스템이었지요.

　많은 것을 암기하고 누가 많이 알고 있는지를 평가하는 정량 평가제로 우리는 평가받고 살았습니다. 하지만 지금 우리 아이들은 변화와 정보의 홍수 속에서 4차 산업 혁명 시대를 눈 앞에 두고 있습니다. 우리가 접하지 못 한 다양한 방식으로 첨단 기술이 발달하고 있습니다. 갑자기 닥쳐온 코로나 팬데믹으로 인공지능과 가상현실이 훨씬 빠르게, 반 강제적으로 우리 생활에 적용되고 있습니다. 인공지능이 우리의 모든 생활과 산업에 활용이 되고 있는 것을 우리는 온 몸으로 느끼고 있는 이 시점에, 아이들에게 어른 세대의 대량교육 시스템을 그대로 적용하는 것은 이제 그만두어야 할 것입니다.

그렇다면 앞으로 우리 아이들이 살아갈 미래 사회에서 필요한 역량은 무엇일까요? 앞으로는 기계가 중심이 되는 영역과 인간이 중심이 되는 영역이 구분될 것으로 보입니다. 그리고 반복적으로 예측하거나 많은 양의 데이터를 처리하고 분류하여 규칙에 따라 기계적 의사결정을 내리는 것과 같은 일은 인공지능의 몫이 될 가능성이 높겠지요. 이런 상황 속에서 인간이 기계를 지배하고 주도하는 일은 무엇일까요? 감정을 경험하고 관계를 형성하거나 기계들이 해야 할 작업이나 제공할 데이터를 결정하는 것처럼 제한된 자원을 전략적으로 사용하는 방법을 결정하는 일이 될 것입니다. 즉 많은 지식을 머릿속에 넣어 누가 많이 암기하고 있느냐가 중요한 것이 아니라 정보의 홍수 속에서 누가 빠르게 정보를 검색하고 거기에 내 생각을 접목해 좋은 아이디어를 내느냐가 관건인 시대입니다. 그 좋은 아이디어를 다른 사람과 소통하며 의견을 주장하여 추진하는 것이 역량으로 평가받을 것입니다.

토론 수업을 지향하는 우리 학원에서는 아이들이 팀을 이뤄 생각을 정리하여 발표를 합니다. 또 그것에 반박하여 의견을 제시하고 누구 의견이 맞는지 겨루는 경험을 종종 시킵니다. 아이들은 자신의 의견을 주장하며 조율해 나가는 과정을 배우게 되는데 이것이 아직 어려운 아이들이 많습니다. 이 때 말하기를 어려워하는 것보다는 듣기가 어려운 아이들이 많습니다. 남의 의견을 듣지 않거나 자신의 주장과 다르다고 곡해해서 다툼을 일으키는 등 소통을 아직 배우지 못 한 경우입니다. 이런 경우는 팀원 아이들이 멀리하고 혼자 도태되어 결국은 아무 성과를 내지 못 하고 속이 상한 채 집에 갑니다. 아이에게 속이 상한 이유를 물으면 "내 말을 들어주지 않아서 화가 나요"라고 합니다. 그럼 이 아이에게 남의 말을 잘 들어주라고 가르치면 바로 고쳐질 수 있을까요? 실제로 해봤을 때 대답은 '아니요.' 입니다. 듣기를 잘하려면 뭘 가르쳐야 할지 우린 다 같이 고민해 볼 필요가 있습니다.

실제로 좋은 성과를 내는 아이들을 유심히 관찰해 보면 팀원들의 이야기를 경청하고 존중합니다. 다 듣고 난 후 중구난방인 의견들을 취합하고 자신의 의견도 조목조목 펼칩니다. 결국 팀원들은 다양한 의견을 정리하여 취합하고 좋은 아이디어를 얹어준 그 아이의 의견을 따르게 됩니다. 함께 으 으 하여 좋은 발표를 하고, 성과를 내지요. 내 아이가 어디를 가든 이러한 소통을 중심적으로 이끄는 역할을 했으면 좋겠고 사회생활을 원만하게 잘하길 원하는 바람은 어느 부모나 같을 것입니다. 자신의 의견을 올바르게 주장하고 펼치려면 말하는 것보다 중요한 것이 듣기입니다. 듣기를 잘하는 것이 쉬워 보이나요? 듣기는 남이 말할 때 가만히 듣고만 있는 것이 전부가 아닙니다. 잘 듣기는 정말 중요한 소통의 첫 걸음입니다. 어떻게 해야 잘 듣고 어떻게 하면 소통을 잘 할 수 있을까요? 듣기에 가장 중요한 것은 마음가짐과 태도입니다.

> 육십에 이르러 귀가 순해졌다.
>
> _배병삼, 『논어, 사람의 길을 열다』

공자가 말하는 성인이란 귀(들음)를 중시한 존재입니다. 몸의 구조를 두고 볼 때 "귀가 순해졌다."라는 대목은 남의 말을 올바로 듣지 못 하게 방해가 되었던 내 속의 장애물이 사라졌다고 해석할 수 있습니다. 공자는 사람들과 노래를 부를 적에, 잘 부르는 이가 있으면 반드시 앵콜을 청했습니다. 그 다음엔 이에 화답하였습니다. 남의 (노래) 소리를 잘 들어서 그 맛을 음미하고 또 그 노래에 화답하는 공자의 듣기 태도는, 소통(커뮤니케이션)을 원활하게 하는 이순으로 가는 길을 잘 보여주는 예화입니다. 한 걸음 더 나가면 귀가 순해진다는 말은 '말하는 나', 또는 '보는 것을 진리로 삼는' 에고ego가 사라진 상태를 뜻합니다. 이제 나는 안팎의 말들이 소통하는 '길'이지, 말을 하거나 말을 갈무리하고 왜곡하는 장치가 아닌 것입니다. 달리 말하자면 사회와 자연에 대해 비평하고 평가하던 내가 사라지고, 평가하는 '나'조차 남을 대하듯 지긋이 관조하는 그런 경지에 이르렀음을 말합니다.

우리는 '남의 말을 듣는다.'고 하지만 사실 '내 방식'대로 이해하는 데 불과합니다. 문제는 '나'에게 있습니다. 내 속엔 나의 과거와 미래, 욕심과 계획들이 엉켜 있어서 남의 말이 제대로 들리지 않고, 왜곡되거나 튕겨져 나가 버릴 수 있습니다. 남의 말을 '이해' 하는 것이 아니라 내 식대로 '오해' 한다고 표현해도 좋을 것입니다. 우리는 얼마나 많은 대화 속에서 상대방을 오해하고 내 방식대로 해석하여 듣고 있을까요? 인간이란 '오해하는 동물'일지 모를 정도입니다. 게다가 오해를 바탕으로 '말하기'에 나서기 때문에 여러 가지 분란과 다툼이 발생합니다. 남의 말을 잘 듣기야말로 원활한 의사소통을 이끌고 평화로운 사회를 만드는 첩경입니다. 이렇게 남의 말을 잘 들어, 그 쪽 사정을 충분히 이해하는 것을 공자는 인仁을 실현하는 지름길이라고 했습니다. 그런데 공자는 남의 말을 듣는 데 방해가 되는 내 속의 장애물이 예순에 이르러서야 사라졌다고 술회했습니다. 실은 그만큼 남의 말을 곧이곧대로 듣기가 어렵다는 토로이기도 할 것입니다. 공자의 말처럼 엄마인 우리들도 내가 듣고 싶은 대로 듣고 해석하는 일이 많습니다. 그것부터 알고 나의 편견과 아집을 없애어 올바른 듣기를 하고 내 아이와 소통한다면 자연스레 우리 아이들에게도 올바른 소통방식이 스며들 수 있지 않을까요?

듣기를 잘하려면 우선 평상시 마음가짐이 중요합니다. 나 자신에 대한 성찰과 그 무엇에도 흔들리지 않는 겸손한 태도가 중요합니다. 겸손은 자칫하면 비굴함으로 보일 수 있습니다. 겸손과 비굴의 차이점은 무엇일까요? 나 자신을 낮추고 머리를 조아린다는 태도는 같아 보일 것입니다. 그렇지만 겸손과 비굴함의 차이점은 나 자신을 먼저 존중하는 데 있습니다. 아이를 하나의 인격체로 존중해주고 늘 의견을 나누고 부모가 소유물로 함부로 대하지 않아야 합니다. 부모가 자존감이 높을 경우, 아이를 존중하여 대하는 것이 어렵지 않을 것입니다. 나 자신을 존중한다는 것은 남에게 자신을 낮추고 머리를 조아리는데 전혀 감정이 상할 일이 없기 때문입니다. 이것이 겸손입니다.

겸손을 말로 가르치려 하지 않고 아이의 내면을 채우는 것부터 합시다. 과학적 지식과 그 어렵다는 비문학 지문을 독해하기 위한 책을 읽히는 것보다 철학, 인문학 책부터 어릴 때부터 꾸준히 읽히기를 추천합니다. 자신에 대해 고민하고 성찰하여 자신을 들여다 볼 줄 알아야 나의 소중함을 압니다. 나 자신을 잘 아는 사람은 장단점을 아주 잘 활용하여 강점을 극대화시킬 수 있습니다. 그러다보니 자연스럽게 모든 일에 자신감이 넘치고 자존감이 높아지는 것입니다. 많은 학부모들이 자존감을 높이기 위한 방법을 궁금해 하십니다. 자존감이란 것은 말과 교육으로 얻어지는 것이 아닌 자신에 대해 충분히 고민하고 생각할 시간이 필요한 것입니다. 인문, 철학 책을 읽어야 자신에 대한 고민을 할 시간과 방법을 알아갈 수 있습니다. 자존감이 충만한 마음과 겸손한 태도로 남의 말을 경청하고, 거기에 자신의 아이디어를 자신 있게 붙이고 더 좋은 성과를 내는 것, 이것이야말로 인공지능을 이기는 우리 아이들이 앞으로 살아갈 시대에 필요한 역량이 아닐까요?

임현정 작가의 한 마디

우리 아이가 살아갈 미래를 이끌어갈 인재의 핵심 역량은 소통입니다. 넘쳐나는 정보의 홍수 속에서 좋은 아이디어를 어떻게 공유하고 전달하느냐는 앞으로 가장 중요한 핵심 역량이 될 것입니다. 소통의 첫 번째는 듣기입니다. 남의 말을 잘 듣기의 핵심은 아이의 내면을 단단히 채워 겸손한 마음가짐과 태도를 갖게 하는 것입니다. 그렇게 되면 남의 말을 존중하여 잘 들을 것이고 그것이 원활한 소통의 창구가 되어 미래 사회에 필요한 인재가 될 것입니다.

가장 고전적인 게임에서 얻는
판단력과 자기주도능력

한국을 비롯하여 전 세계의 아이들은 점점 고도화된 기술문화 속에서 다양한 즐거움을 찾아가고 있습니다. 더 화려하고 더 과학기술적으로 발전된 놀이문화가 분명 우리 아이들에게 많은 즐거움을 선사하고 있음은 자명한 사실입니다. VR 등의 과학기술발전을 통해 고도화된 놀이문화의 등장은 시간과 공간의 제약을 극복시키고 있습니다. 발전하는 놀이기술 덕분에 우리 아이들의 기술적인 능력 또한 이 전에 비해 매우 발달하고 있어 긍정적인 측면이 분명 존재합니다.

하지만, 아이들의 기술적인 놀이역량이 발달함에 비해 스스로를 성찰하는 지혜의 역량이 함께 발달하고 있는지는 분명 고민해봐야 할 부분입니다. 또한 뇌감각을 더욱 경쟁적으로 자극 시키는 놀이문화가 자칫 의도하지 않은 사회문제를 발생시키기도 합니다.

과연 우리 아이들에게 적합한 놀이문화란 무엇일까요? 가상기술을 통해 지금껏 누려보지 못한 신비로운 환경을 제공해주는 최신게임만이 우리 아이들에게 최고의 놀이문화일까요?

성공적인 사회생활을 위해 우리 어른들은 다양한 역량을 발달시키고자 노력하고 있습니다. 많은 중요한 역량 중 하나는 분명 상황 판단력과 위기 대처능력일 것입니다. 물론 아이들이 좋아하는 놀이, 게임 중 '롤' 혹은 '배틀그라운드' 등과 같은 놀이를 통해서도 순발력, 순간 판단력 등을 발달시킬 수도 있을 것입니다. 하지만 이러한 능력은 성공적인 사회생활을 위한 역량과는 조금은 결이 다른 것일 수 있습니다.

어린 시절부터 우리는 바둑, 장기, 나아가 서예 등의 고전 놀이와 문화를 접해보곤 합니다. 이러한 놀이문화의 공통점은 차분한 기풍을 높여주며 삶의 지혜를 길러주는 역할을 한다는 점입니다. 특히나 바둑이나 장기는 고대 전쟁놀이의 일환으로서, 그야말로 치열한 전쟁의 축소판이라고 할 수 있습니다. 장기의 기원을 살펴보면 장기의 역할을 더 잘 이해할 수 있습니다. 장기는 인도의 한 왕이 바라문의 고승에게 '깊이 생각하고 앞을 내다보는 슬기를 갖추되 끝을 미리 알 수 없는 놀이'를 만들라고 명하여 개발되었다고 전해집니다. 이에, 고승은 전쟁을 본 따 현재의 장기놀이를 만들었다고 합니다.

장기는 상대편의 공격으로부터 왕을 보호하며, 동시에 상대방 왕을 공략하는 그야말로 전쟁 시뮬레이션입니다. 나의 기물을 옮기며 상대방의 기물을 잡아나가는 단순한 게임으로 여겨질 수 있습니다만, 장기는 '원앙마포진', '면상포진', '귀마포진', '양귀마포진', '양귀상포진' 등의 다양한 포진법을 활용하는 전술들이 있기 때문에 실제 전쟁을 방불케 하는 엄연한 전쟁기술이 가미된 매우 고도화된 전쟁게임입니다. '졸을 내어주고 상을 잡는다', '왕으로 유인하여 방심하게 만든 다음 기습공격을 한다' 등의 심리전까지 가미된 장기의 수 싸움은 자라나는 우리 아이들의 마음에 보이지 않는 무한한 전술의 장을 열어줄 수 있습니다. 상대방과 차분하게 말없이 앉아 장기 기물로 구현된 전쟁판을 바라보며, 아이들은 치열한 사회 속에서 스스로 생존해나갈 수 있는 판단력과 자기주도능력을 길러나갈 수 있습니다.

흔히, 놀이부족으로 인해 촉발된 다양한 사회문제를 해결하고자 고민하는 과정에서 '놀이공간이 부족하다', '피씨방 말고 우리 아이들이 즐길 수 있는 공간이 없다' 등의 사회비판적인 의견들이 등장하곤 합니다. 우리 아이들은 가장 고전적인 것으로부터 가장 고도화된 기술사회를 성공적으로 살아갈 수 있는 역량을 배워나갈 수 있습니다. 장기와 같은 고전놀이를 통해 아이들의 머릿속에서 더 크고 넓은 세상을 스스로 그려나가 볼 수 있습니다.

최근 가장 고전적인 게임인 장기를 인공지능(AI)으로 분석한 다양한 서적들이 등장하고 있습니다. 프로 장기기사들의 전술을 AI가 분석하여 최상급 장기기사들의 스타일을 입체적으로 배워나갈 수 있는 기회까지도 등장하고 있습니다. 우리 아이들이 PC게임을 통해 캐릭터에 정을 느끼고 스스로를 해당 캐릭터에 일체감을 느끼는 것처럼, 장기의 기물들에도 일체감을 느끼고 본인의 충성스런 병사를 지휘하는 장군 혹은 왕의 마음으로 고전게임인 장기를 접해주길 기대합니다.

아이들이 장기를 단순한 고대 전래놀이로 인식하지 않고, 세상을 더욱 지혜롭게 바라볼 수 있게 해주는 전략생존게임으로 이해해준다면 우리의 많은 사회문제들이 자연스레 해결될 수 있으리라 기대합니다.

 이승현 작가의 한 마디

가장 고전적인 것에서 가장 고도화된 세상을 살아가는 힘을 얻을 수 있습니다. 우리 아이들이 이제는 중추신경을 자극하는 각종 PC게임에서 벗어나 삶과 전쟁의 축소판이라고 할 수 있는 바둑, 장기와 같은 기물게임을 통해 세상을 지혜롭게 살아갈 수 있는 진정한 깨달음을 얻을 수 있기를 기원합니다.

고기 잡는 법을 가르쳐주세요.

우리 모두는 아이들이 성공하고 행복한 인생을 살기를 바라며, 그들에게 좋은 것들을 먹이고 입히고 다양한 경험을 제공하기 위해 최선을 다합니다. 그러나 이러한 물질적인 부분만으로는 아이들이 원하는 인생을 살 수 없다는 것을 잘 알고 있습니다. 그렇다면, 학부모로서 우리는 어떻게 아이들에게 더 나은 가치를 전달할 수 있을까요?

교육 전문가로서, 다음 3가지가 매우 중요하다는 것을 전해드리고 싶습니다. 스스로가 원하는 일을 찾았을 때 시작할 수 있는 '용기', 그것을 끝까지 포기하지 않고 해내는 강력한 '의지', 그 과정을 스스로 주도해 나갈 수 있는 '자기 주도성'이 필요합니다. 이것은 학부모가 아이들에게 가르치는 것이 아니라, 일상에서 부모가 먼저 보여줌으로써 아이들이 저절로 깨닫고 몸에 익히게 하는 것이 중요합니다. 이것이 바로 양육의 본질입니다.

'양육'은 아이를 보살펴서 자라게 하다는 뜻입니다.

양육 과정은 아이가 육체적인 성장만 하는 것이 아니라 부모라는 모델을 보며 정신적 성장이 함께 이루어지는 과정입니다. 이때 아이는 부모의 모습을 자신에게 투영하여 내면화해 가는 것이죠. 부모의 장점만을 닮아 간다면 얼마나 좋을까요. 하지만 아이는 부모의 잘못된 모습까지도 그대로 닮아갈 가능성이 매우 높습니다.

그렇다면 좋은 부모가 되려면 어떤 노력을 해야 할까요?

학부모로서 우리의 역할은 자신의 잘못된 습관이나 삶의 모습들을 성찰하고, 바른 모습을 보여주어 본보기가 되는 것입니다. 물론 완벽할 수는 없습니다. 하지만 자신의 결점을 보완하고 노력하는 모습을 보여주는 것이 가장 좋은 교육이 될 것입니다.

지금까지 별생각 없이 받아들였던 삶의 태도에 대해 왜 그래야 하는지 스스로 질문하고 자신만의 올바른 철학적 답을 찾아야 합니다. 그 답을 통해 아이들과 함께 토론하며 서로 성장해 나갈 수 있는 기회를 만들어야 합니다. 그렇게 할 때 우리는 비로소 타인의 의지가 아닌 주체적 삶을 살 수 있는 용기와 힘을 가질 수 있습니다.

유태인의 부모들은 아이들이 학교에 갈 때 "선생님께 궁금한 것들을 많이 질문하고 오렴" 이라고 말한다고 합니다. 그런데 대한민국의 부모들은 "선생님 말씀 잘 듣고 오렴" 이라고 합니다. 이 두 가지 방식의 차이는 무엇일까요? 바로 교육의 주체가 되느냐 객체가 되느냐 입니다. 아이가 주체적인 자신의 삶을 살기를 원하면서 왜 타인의 말에 지시 받는 삶을 먼저 모범으로 제시할까요? 아마도 지금까지 권위적 사회에서 위계질서가 중시되는 사회적 분위기에 젖어 있기 때문일 것입니다.

우리 아이들이 살아야 할 현대 사회는 창의력과 혁신이 중요한 시대입니다. 아이들은 세상의 많은 유혹과 정보 속에서 원하는 것을 선택하며, 스스로 삶의 방향을 결정해야 합니다. 그러기 위해, 아이들은 자신들이 선택하는 것에 대해 끊임없이 질문하며 진정 자신이 원하는 삶의 길인지 묻고 또 묻는 여정을 걸어가야 합니다.

"왜 대학을 가야하나요?" "왜 공부를 해야 하지요?" "왜 학교를 가야하는지 말씀해주세요?" 자녀가 위와 같은 질문했을 때 우린 어떤 대답을 할 수 있을까요?

"공부 잘해서 좋은 대학을 나오면 좋은 직장에 취업할 수 있으니까." "공부 안 해서 대학 못가면 편의점 알바나 건설현장에서 일용직으로 가난하게 살아야 해." 라는 인생의 부정확언을 아이 마음에 각인 시키고 있으신가요?

사회 통념이라는 명분으로 타인의 생각을 마치 내 생각인 것처럼 우리는 무비판적으로 수용할 때가 많습니다. 그것은 내가 원하는 삶이 아닐 수 있습니다. 그렇기 때문에 자기 스스로 올바른 인생관과 철학을 수립하고 그곳에서 답을 찾기 위한 노력이 필요합니다. 먼저 부모가 자신의 삶을 사색하며 원하는 것을 탐구할 때, 나의 아이도 그런 삶의 자세를 가지게 될 것입니다.

학부모로서, 아이들이 스스로 물고기를 잡을 수 있는 방법을 가르치는 것이 중요합니다. 모두 고개를 끄덕이며 동의하실 거예요. 하지만 이것을 실천하는 것은 결코 쉽지 않습니다. 왜냐하면 물고기를 잡아주는 것이 훨씬 쉬운 일이기 때문입니다. 물고기를 잡는 법을 가르쳐주는 것은 많은 인내심과 지혜를 필요로 합니다. 많은 시간을 강가에서 아이와 함께 보내며 기다리고 응원하고 반복해서 가르쳐 줘야 하는 일이니까요. 우린 물고기를 잡아주고 싶은 유혹에 빠지고 때로는 그렇게 하는 게 옳은 일이 아닌 줄 알면서도 그렇게 행합니다. 하지만 계속 그런 방법을 취한다면 우리 아이는 스스로 물고기를 잡을 수 없는 아이로 영원토록 남아 있을 것입니다.

'왜 스스로 물고기를 잡아야 하는지?'
'어디서 잡아야 하는지?'
'어떻게 잡아야 하는지?'

'공부는 평생 하는 거'라고 말만 하고, 당신의 눈과 귀는 늘 드라마에 푹 빠져 있지는 않은지 돌아보라. 돌아봐야 할 사람은 바로 부모 자신이다. 미국의 작가인 로버트 풀검은 "아이들이 말을 안 듣는다고 걱정하지 말고, 아이들이 항상 당신을 지켜보고 있다는 것을 걱정하라"고 말했다. 그의 말은 누군가에게는 불행이겠지만, 아이에게 더 나은 내일을 보여주고 싶은 마음이 간절한 부모에게는 아주 든든한 희망으로 느껴질 것이다.

_김종원, 『부모 인문학 수업』

아이들이 자기 주도적으로 계속해서 질문하고 그 답을 찾을 수 있도록 기다려줘야 합니다. 그리고 부모들이 지혜롭게 물고기를 잡아온 모습을 보여주는 것이 중요할 겁니다.

 김미란 작가의 한 마디

내 아이가 살았으면 하는 삶의 자세를 부모가 먼저 보여주는 것, 그것이 교육의 본질입니다. 내 아이가 이런 사람으로 살았으면 좋겠다는 꿈을 가지세요. 그리고 그 꿈을 부모인 나에게 적용시켜 아이들에게 보여주세요. 그렇게 우리는 하루하루 더 좋은 부모와 더 좋은 사람으로 성장해 나갈 겁니다.

왜 영재고, 과학고는
과정 중심의 서술형 평가를 보는가?

우리는 4차 산업 혁명 시대를 앞두고 있습니다. 우리 이전 세대까지 교육의 목적은 컨베이어 벨트 앞에서 누가 정해진 규칙대로 일을 빠르게 잘 처리하느냐에 초점이 맞춰져 있었고, 이후 우리 세대는 좀 더 효율을 추구하는 방향을 잡아가기 위한 아이디어와 시스템, 구조를 만들어내는데 초점이 맞춰져 있었습니다. 그래서 암기 중심과 이미 정해져 있는 답을 찾는 데 교육의 목적이 있었습니다.

그렇다면 우리 아이들이 살아갈 4차 산업 혁명 시대에 필요한 인재상은 무엇일지 생각해 보셨습니까? 넘쳐나는 데이터의 홍수 속에서 필요한 정보를 검색, 취합하고 아이디어를 내어 인공지능을 통제해내는 새로운 플랫폼을 개발해 내는데 초점이 맞춰질 것입니다. 인간보다 빠르고 정확하게 일처리를 해내는 인공지능이 수많은 단순작업 업무를 대체할 것입니다.

　우리는 앞으로의 세대를 위하여 어떤 교육을 해야 할까요?
　정답은 결과 중심 평가의 교육이 아닌 과정 중심의 교육입니다. 과정 중심의 교육은 'Flipped Learning System'이라고 하여 정보 전달을 하는 교육자가 주체가 되어 수업을 이끄는 형식이 아닌 교육을 받는 아이들이 주체가 되어 수업을 이끌어 나가는 방식입니다. 이미 대한민국의 과학 인재를 육성하려는 목적으로 나라에서 운영하고 있는 영재고나 과학고의 입시는 과정 중심의 평가로 선발하고 있습니다.

　영재고나 과학고에 진학하기 위한 선발고사, 면접을 치를 준비를 저희 학원에서 도와주고 있습니다. 1차는 서류 전형인데, 여기서 서류라는 것은 학교 생활기록부와 자기소개서입니다. 중학교 생활기록부는 성적이 절대평가이고 대부분의 아이들이 A등급이어서 학교 성적이 선발에 미치는 영향은 거의 없습니다. 영재고, 과학고를 희망하는 아이들은 대부분이 전 과목 A등급이니까요. 학교 세부능력특기사항이 중요한데 이 사항은 전부 과정 중심의 평가로 서술되어 있습니다. 어떤 성과를 내기 위해 아이의 태도나 탐구 자세, 능력이 어땠는지가 서술로 평가됩니다. 이 생활기록부를 토대로 자기소개서를 작성하는데 이 자기소개서도 전부 다 좋은 성적과 대회 수상 등의 성과를 내기 위해 어떤 노력을 했는지 과정 중심으로 서술해야 합니다. 자신이 이루기 위해 노력한 탐구 과정을 서술해야 한다는 것입니다.

1차 서류 전형이 통과되면 영재고는 선발고사인데 전부 다 서술형 평가입니다. 알고 있는 지식을 토대로 얼마나 창의적인 생각을 수학·과학적으로 서술하느냐가 관건입니다. 창의적인 문제 해결력을 평가한다는 것입니다. 과학고는 선발고사가 없는 대신 면접 평가인데, 알고 있는 것을 설명하거나 문제를 해결할 수 있는 능력을 평가하기 위해 아이가 직접 설명하게 합니다. 이렇듯 영재고와 과학고 모두 과정 중심의 서술형 평가로 인재를 선발한다는 것입니다.

앞으로의 교육 평가 시스템은 점점 더 아이들한테 창의 사고력을 요구하게 될 것입니다. 5지 선다형의 문제에 정답을 맞추기 위한 교육 시스템은 빠른 시간 안에 바뀌게 될 것이며 문제 해결력으로 평가하는 시대가 올 것입니다. 지금까지의 5지 선다형 평가 방식은 '실수는 곧 실패'라는 인식을 심어 줍니다. 학원에서 영재고나 과학고 면접 대비 수업을 해 보면 성적은 전 과목이 A이고 머리도 똑똑한 아이인데, 서술형 답을 한 줄도 제대로 적지 못 하고 말로 대답을 잘 못 하는 아이들이 있습니다. 실수할까봐 두려워서 표현하지 못 하는 경우나 말로는 할 수 있는데 글로는 쓰지 못 하겠다고 합니다. 아무리 똑똑하다고 해도 이런 아이들은 면접에서 똑 떨어집니다. 아무리 많이 알고 있어도 그것을 말과 글로 쓸 줄 알고 남과 함께 협력할 줄 아는 표현력이 중요합니다. 이것은 단기간에 키워지는 것이 아닙니다.

저는 우리와 다른 세대를 사는 아이들에게 어떤 교육을 해주어야 할지 철저히 고민했고, 우리나라 과학 인재를 육성하기 위하여 학원을 설립했습니다. 어릴 때부터 창의 사고력을 길러주고 문제해결력을 극대화시키기 위해 어떤 교육을 해야 할지에 초점을 맞춰 커리큘럼을 짰고 교재를 개발했습니다. 과학의 깊이 있는 개념 연계와 아이들이 주도적으로 설계하는 실험 방법을 통해 문제 해결력을 키워내고 있습니다. 실험 과정을 직접 설계하면서 결과의 과학적 개념과 고찰을 직접 글로 쓰게 하여 이공계를 진학하려 키워지는 아이들의 가장 고질적인 문제인 서술력을 극대화시키고 있습니다. 아이들이 직접 실험과정을 설계할 때 한 번에 성공하는 경우는 거의 없고 실패를 거듭하게 되는데, 과학자들도 어떤 개념과 현상을 증명할 때 반드시 이러한 과정을 거쳐 정확한 데이터 분석을 통해 개념을 정의한다고 이야기 해 줍니다. 실패하는 과정에서 스스로 깨닫고 배우도록 지도하고 있는데, 아이들은 실패를 통하여 결과로 가는 과정에서 정말 많은 것을 배웁니다. 그리고 이렇게 배운 것은 절대 잊어버리지 않습니다. 직접 경험을 통해 취득한 지식이야말로 나의 살아 있는 지식이 되는 것임을 확신합니다.

> 교육자의 눈으로 바라볼 때 '실패'란 없다. 모든 순간은 배움의 기회다.
>
> _폴김, 『RE:LEARN 다시, 배우다』

　공부뿐만이 아니라 인생도 그렇습니다. 아이들이 성장하는 과정에서 세상은 내 뜻대로 되지 않음을 경험하고, 넘어지고 실패하는 이 모든 순간에서 직접 경험하고 배워나가는 것입니다. 경험이 많을수록 배울 기회가 많고 성장할 수 있는 것 아닐까요? 실험 과정 중의 실패로 과학적 원리를 배우는 것에서 확장되어, 인생도 그렇다는 것을 알려주고 싶습니다.

　중학교 2학년이 되어 첫 중간고사를 보았을 때 엄마의 기대만큼 점수가 나오지 않았다고 "너는 공부는 글렀나보다, 공부 때려 치고 공장 들어갈 준비나 해!"라는 말을 하시는 학부모를 봤습니다. 시험 한 번 못 봤다고 하늘이 무너지고 실패한 인생일까요? 아이에게는 입시를 향한 인생의 첫 시험이고 앞으로 고등학교와 대학 수능까지 입시를 위한 시험은 10번 이상이 남아 있습니다. 시험을 못 본 원인을 분석하여 앞으로 어떤 전략을 짜 공부할지 연습하는 과정으로 아이를 도와주시면 어떨까요? 가령 영재고, 과학고를 힘들게 준비하면서 달렸는데 선발에서 떨어졌다고 실패한 인생일까요? 아이가 느끼는 좌절은 더 어마어마합니다. 영재고, 과학고 입학을 목표로 잡았을 때 그 데미지는 엄청납니다.

  멀리 봅시다. 아이의 꿈이 무엇인지 다시 한 번 곰곰이 생각해 보세요. 특목고 입학이 꿈은 아닐 것입니다. 우리나라 과학 인재로 꿈을 꿨기 때문에 영재고나 과학고를 가고 싶었을 것입니다. 이것은 꿈을 이루기 위한 과정일 뿐입니다. 특목고 입시 실패는 하나의 과정일 뿐입니다. 우리 아이가 인생을 주도적으로 강한 의지로 살아나가길 바란다면 학부모들께서는 쿨해 질 필요가 있습니다.

 임현정 작가의 한 마디

> 과정 중심의 성과와 그 과정을 말과 글로 잘 나타낼 수 있는 독창적인 표현력을 갖춰야 합니다. 더 나아가서는 인생을 사는 과정에서 실패의 경험은 성장할 수 있는 특별한 기회입니다. 목표를 크게 바라보고 과정에서 있을 수 있는 실패와 실수를 응원해주고 격려해 주어야 할 것입니다. 이런 과정을 겪은 우리 아이들은 인생의 굴곡을 즐기며 힘 있게 살아갈 수 있을 것이며, 4차 산업혁명 시대를 주도적으로 이끄는 인재가 될 것입니다.

내면의 힘을
기르게 해주세요.

아이들 먹거리만큼은 더 잘 챙기고 싶은 엄마의 마음은 누구나 같을 것입니다. 저 또한 제 아이가 이유식을 시작하면서부터 유난히 먹거리에 신경을 많이 썼답니다. 잘 먹어야 똑똑하고 건강하게 자란다는 생각으로 이유식 책을 보며 하나하나 따라 만들고 뭐든 직접 만들어 주곤 했습니다. 혹여나 과일과 야채를 안 먹을까봐 신경 써 가면서 잘 챙겨 먹이려고 노력을 했답니다. 그 덕분인지 두 아이 모두 크게 편식하지 않고 건강한 먹거리들 위주로 잘 먹는 편입니다. 특히 두 아이가 다 과일을 좋아해서 장을 보러 가면 늘 과일 한 두 가지씩 꼭 사게 됩니다.

생각해보면 제가 어렸을 때 저희 엄마도 늘 과일을 잘 사 놓으셨습니다. 특히 늦가을부터 사과를 한 짝(그 때는 종이상자가 아니고 나무 궤짝이었어요)을 창고방 같은 곳에 두고 겨우내 실컷 먹었던 기억이 납니다. 다 먹으면 또 맛있는 사과가 놓여 있곤 했지요. 아직도 사과 향을 맡으면 어렸을 적 창고방에서 나던 사과가 기억나곤 합니다. 얼마 전 친척분이 사과 농사를 시작하셨다고 너무도 맛있는 사과를 보내주셨습니다. 저희 아이들도 지금까지 먹어본 사과 중에 제일 맛있다며 잘 먹는 모습이었지요.

하루는 초등학교 5학년 아들이 제가 사과 깎는 모습을 유심히 보더니 자기도 사과 껍질을 까보겠다고 하더군요. 순간 "위험해서 안 돼!"라고 말했지요. 그런데 생각해 보니 저는 그보다 훨씬 어렸을 때부터 사과를 깎았다는 생각이 들더라고요. 아마 제가 초등학교 5학년쯤에는 사과껍질이 한 번도 끊기지 않을 정도로 잘 깎았을 겁니다. 잠시 제 어렸을 적 기억을 하며 "그럼 너도 한 번 해봐" 하고 사과 깎는 법을 알려주었는데 너무 아슬아슬해서 못 보겠더라고요. 다칠까봐 걱정도 되고 조금씩 조금씩 깎아보려는 모습이 답답하기도 하여 사과를 다 깎기도 전에 하지 말라고 하고 뺏어 버렸답니다.

다음날 퇴근해 보니 산산조각 난 사과껍질과 다 먹고 남은 사과씨 부분만 싱크대위에 있더라고요. 저는 아들에게 물어봤습니다. "네가 혼자 사과 깎아 먹었니?"라고 하니 "네~ 제가 했어요. 잘 했죠?"라고 하더라고요. 널 부러진 사과껍질을 정리하면서 저는 반성을 하게 되었습니다. 더 좋은 걸 먹이고 더 많은 걸 주려는 것에만 신경을 썼던 건 아닐까 하고요. 더 많은 부분에서 아이 혼자 충분히 할 수 있는 것들을 위험하다는 이유로 느리다는 이유로 시도도 못하게 하고 있지 않았나 하는 생각이 들었습니다. 사과 깎는 일뿐만이 아니라 놓치고 있는 많은 것들에 대해 되돌아보게 되었습니다.

저는 저희 엄마가 의도했건 의도하지 않았건 어렸을 때부터 사과를 혼자 깎았지요. 비단 사과 깎는 일 뿐만이 아니었습니다. 집안일도 참 많이 했었습니다. 밤에 이불을 깔기 전 방바닥을 걸레로 닦는 일은 정말 귀찮은 일 중에 하나였던 기억이 납니다. 방을 같이 쓰는 언니와 방바닥 면적을 반으로 나누어 닦기도 하면서 티격태격 했던 기억이 납니다. 설거지는 기본이고 여름에 집 앞에 고추를 말리는 일, 마당에 잔디풀 뽑는 일, 김장을 돕는 일 등 엄마는 늘 저희에게 집안일을 시키셨습니다. 가끔은 그게 귀찮고 싫었고 힘들었지만 어른이 되어 살아가면서 그 때의 집안일을 통해 여러 방면에서 삶의 지혜를 얻게 된 경우도 많았습니다.

"요즘 아이들은 너무 아기 같아."라는 말을 많이 합니다. 사실 과거에 비해 아이들의 키와 몸무게는 더 크고 더 많은 지식을 얻고 그로 인해 똑똑한 아이들이 많은 것도 사실입니다. 하지만 살아가면서 꼭 필요한 삶의 지혜는 오히려 부족하고 부모에 대한 의존도는 높아지고 있는 것 또한 사실입니다.

　얼마 전 채널을 돌리다가 〈오은영의 금쪽 상담소〉라는 프로그램을 보게 되었습니다. 한 연예인이 딸아이가 위험할 까봐 늘 노심초사 하는 모습이 담겨 있었지요. 중학생인 딸이 하고 후 친구들과 떡볶이를 먹으러가는 것 초차 금지 하고 있다고 했습니다. 오가는 길에 사고가 날수도 있으니 불안하다는 이유였습니다. 그런 배경에는 그 연예인 부모가 겪은 어렸을 적 개인적인 경험이 있었습니다. 자기의 자녀는 절대 나쁜 경험을 하게 하지 않도록 부모가 지켜야 한다고 주장을 했지요. 듣고 있던 오은영 박사가 "그것은 옳지 못하다"라고 몇 번을 이야기를 해도 그 분은 납득을 하지 못하는 듯 했습니다. 아이에 대한 자신의 사랑이라면서요.

　오은영 박사는 "그것도 당연히 부모의 사랑이다"라고 말하면서 "그 대신 그것은 작은 사랑이다"라고 하더라고요. 하지만 "부모는 큰사랑을 해야 한다"라고 했어요. 아이가 스스로 해보고 시행착오를 겪고 그 과정에서 몸소 배우고 느끼고 해줘야 한다고 말이죠.

　　결국 육아의 궁극적인 목적은 아이의 건강한 자립과 독립이고 그러기
　　위해 부모는 아이의 내면의 힘을 길러줘야 하는 것입니다.
　　　　　　　　　　　　　　　　　채널A TV 프로그램 〈오은영의 금쪽 상담소〉 중

학원에서 만나는 학부모들을 보면 가끔 안타까울 때가 많습니다. 아이가 충분히 할 수 있는 부분들에 대해서도 어머니들의 불안함으로 선생들께 도움을 요청하는 경우도 종종 있습니다. 오늘은 아이 가방에 준비물이 가득 찼으니 잠시 가지러 학원에 오겠다, 오늘 숙제를 깜박하고 챙겨주지 않았으니 뭐라 하지 말아 달라 등의 사소한 부탁도 많습니다. 학원 오기 전 친구들과의 작은 문제들에 대해서도 어머니들의 필요 이상의 관여로 상황이 더 악화되는 경우도 더러 있답니다. 가끔은 그냥 두면 알아서 해결할 문제를 굳이 어른들이 개입해서 더 큰 문제로 번지는 경우도 있습니다. 저 또한 아이를 키우는 엄마의 입장에서 충분히 공감하고 이해가 갈 때가 많습니다. 어쩜 저도 그런 경우가 많았던 엄마일지도 모르니까요. 하지만 여러 아이들을 만나고 여러 부모들을 만나면서 저도 많이 배우고 느끼게 되었습니다. 그것은 바로 부모는 아이에게 더 큰 사랑의 힘, 즉 아이의 내면의 힘을 키우게 해야 한다는 것입니다.

　내면의 힘을 기르는 방법 중에 정말 중요한 것 중 하나는 스스로 경험해보는 것이라 생각합니다. 학원에 신입생이 처음 오면, 학원에 들어와서 출결을 입력한다든지 리스닝을 위해 태블릿을 사용한다든지, 과목별 교실을 찾아간다든지, 학습 진도표를 보고 학습량을 확인한다든지 등 숙지해야 할 것들이 있습니다. 저학년 친구들에게 이러한 모든 것들이 낯설고 또 그만큼 신기하고 재밌는 일입니다. 신기하게도 아이들은 이러한 것들을 직접 하면서 즐거움을 느낀답니다. 오랜 시간 아이들을 지켜본 제 경험상 아이들은 스스로 하는 것을 재밌어 하고 즐겁게 여깁니다. "선생님이 다 해 줄 테니 너는 수업만 잘 들어"라고 한다면 아이들은 아마도 오래 버티지 못할 수도 있습니다. 아니 수동적으로 공부를 하거나 억지로 학원을 다니게 되겠죠. 그래서 저는 수업 계획을 짜거나 운영시스템을 정할 때, 가장 중요하게 생각하는 것 중에 하나가 아이들이 스스로 하게 하는 것들을 꼭 챙긴다는 겁니다.

학원에서 아이들을 지도하는 것처럼 내 아이에게도 스스로 경험할 기회를 더 주어야겠다고 사과 깎는 일을 계기로 다시 한 번 되새겨보게 됩니다. 물론 더불어 아이에게 아낌없는 지지와 응원을 해 주어야 하는 것도 잊지 않아야 하고요.

 김홍임 작가의 한 마디

스스로의 경험을 통해 얻을 수 있는 많은 배움과 즐거움의 기회를 빼앗지 말아야 해요. 그것이 바로 내면의 힘을 키울 수 있는 방법 중 하나입니다. 아이들은 우리의 생각보다 더 잘 할 수 있답니다. 대신 해 주기보다 조금만 기다려주고 응원해주세요.

눈물은 인간이 가진
최고의 선물입니다.

2021년에 방영된 드라마 스테이지 〈박성실 씨의 사차 산업 혁명〉에서는 발전된 기술이 사회 곳곳에 적용되는 모습과 인공지능으로 인한 인간 소외 현상에 대해 잘 보여주고 있습니다. 주인공 박성실 씨는 10년 동안 무결근하며 근속상까지 받은 콜센터 상담원으로 평소와 같이 출근하고 일을 시작합니다. 그런데 일하던 중 상담원 90퍼센트 인원을 감축하겠다는 내용의 문자를 받게 됩니다. 앞으로 인공지능이 콜센터 상담원의 일을 대신할 예정이니, 10%만 남기고 모두 해고를 하겠다는 겁니다. 청청벽력과도 같은 소식이 아닐 수 없습니다. 하지만 더 심각한 것은 남편 또한 자율주행 기술 도입으로 화물차 운전직에서 해고당했다는 겁니다. 그래서 주인공은 10% 인원에 들기 위해 고군분투하는 모습이 보여 지는데요. 인공지능보다 더 괜찮은 상담원이 되기 위해 상담 매뉴얼을 벗어난 색다른 방법으로 고객 응대를 하게 됩니다. AI가 어떻게 일하는지를 관찰한 후 자신의 특기를 살려 'AI가 못하는 상담' 방식을 찾아내고 고객과 소통 했던 것입니다. 그 결과 최우수 사원이 되었지만, AI는 독특한 상담 방식까지도 학습 하면서 결국 상담원 모두가 해고당하는 모습이 보여 집니다. 극단적으로 표현하였지만, 인공지능의 놀라운 학습 능력으로 인해 일자리가 박탈당할 수 있음을 경고하는 내용일 겁니다.

4차 산업혁명 이후 기술 발전으로 인간의 삶은 더 편리해지고 사회는 풍요로웠지만 그로인해 발생될 수 있는 부작용에 대해 생각해볼 필요가 있습니다. 글로벌 컨설팅 기업 맥킨지는 "인공지능 시대에는 많은 업무가 자동화되어 일자리 수가 감소될 수 있다."라고 하였습니다. 로봇이 커피를 만들고 식당에서 서빙을 하며, AI 아나운서가 TV에 나오는 드라마 속 장면은 현실과 크게 동떨어져 보이지 않습니다. 지금도 카페와 식당에서 사람대신 키오스크가 주문을 받는 모습은 쉽게 찾아볼 수 있습니다. 어쩌면 우리 아이들은 취업하기 위해 인공지능과 경쟁해야 할지도 모릅니다. 그렇다면 미래 사회에서 인공지능이 대신할 수 없는 역량은 무엇일까요?

현재 역사상 그 어느 때보다 급속히 인간의 노동이 기계로 대체되고 있습니다. 기계들은 처우에 불평하지 않고 파업도 하지 않으며 위험하고 고된 일도 묵묵히 수행하지요. 바이러스에 걸릴 위험도 없습니다. 그래서 자본가들은 같은 비용이면 말도 많고 감정적인 인간보다 말 잘 듣는 기계를 훨씬 선호하지요. 게다가 코로나 19 글로벌 팬데믹으로 인해 기업들은 더욱더 기계 의존도를 높이고 있습니다. 변수가 많은 인간보다 그 어떤 환경에서도 흔들림 없는 기계들을 채용하는 것이 안정적이기 때문입니다.

_한지우, 『AI는 인문학을 먹고 산다』

인공지능은 할 수 없고 사람만이 가능한 일은 사람의 '마음'에 있습니다. 정말 중요한 것은 마음으로 봐야 알 수 있지요. 표면적으로 들어나는 것이 아닌 보이지 않는 것을 볼 수 있는 마음의 눈에 있습니다. 여러 상황 속에서 타인과 공감하며 문제를 해결해 가는 과정은 AI가 할 수 없는 일이라 할 수 있습니다. 이를 크게 3가지로 나눠 보면 다음과 같습니다.

첫 번째 여러 상황 속에서 맥락에 맞게 판단하고 행동할 수 있는 맥락적 사고능력입니다. 어떠한 문장의 의미를 정확하게 이해하려면 문장 자체만 놓고 해석하는 것이 아니라, 전체 문맥 속에서 의미를 파악해야 합니다. 예를 들어, 한 어머니께서 "제가 죄인입니다."라고 했을 때, 이 어머니는 정말 죄인일까요? 만약 자수를 하는 과정에서 한 발언이라면 자신의 죄를 인정하는 죄인의 모습이겠죠. 하지만 아들의 죄를 심판하는 재판장에서 자식을 잘 못 키운 어머니로써 한 말이라면, 범죄를 저지른 죄인의 의미는 아닐 것입니다. 우치다 타츠루 작가의 『말하기 힘든 것에 대해 말하기』에서 "텍스트의 '의미'

는 글귀 자체가 아니라 그 텍스트가 어떤 문맥 속에 놓이는지에 따라 결정된다."라고 하였습니다. 인공지능에게 수많은 경우의 수를 입력하여도, 상황에 따른 정확한 해석은 인간만이 가능할 겁니다. 따라서 문장을 해석하고 상황을 판단할 수 있는 맥락적 사고능력은 우리 아이들에게 반드시 필요한 역량입니다. 단순히 지식만을 알고 있는 것이 아닌 지혜로운 사람으로서 올바른 판단을 할 수 있는 것과 같을 겁니다. 그럼 어떻게 해야 맥락적 사고능력을 갖출 수 있을까요? 가장 좋은 방법은 독서입니다. 독서는 문장의 진정한 의미를 해석할 수 있으며, 또한 인문학적 사고 능력도 향상시킬 수 있습니다. 이 때 단순히 많이 있는 다독보다는 읽고 기록하며 독자의 언어로 재해석하며 책을 읽는 것이 바람직합니다.

두 번째는 자신의 생각을 다른 사람과 협력하여 다르게 연결할 수 있는 협업의 창의성입니다. 협업의 창의성은 구성원 개개인이 가지고 있는 강점을 서로 연결하여 생각지도 못한 결과를 만들어 낼 수 있습니다. 전체는 부분의 합보다 더 큰 결과를 가져올 수 있기 때문입니다. 인문학적 가치를 추구한다면, 일 더하기 일은 이가 아닌 다른 결과를 만들어 낼 수 있습니다. 넷플릭스 드라마 〈오징어 게임〉 중 줄다리기 하는 장면이 있습니다. 누가 봐도 상대적으로 힘이 센 남자들로 이뤄진 팀이 줄다리기에서 이길 거라 예상합니다. 하지만 결과는 노인과 여성이 있는 팀이 이깁니다. "줄다리기는 힘으로만 하는 게 아니야."라는 〈오징어 게임〉 속 대사와 같이, 팀원들 간의 협력은 예상치 못한 결과를 창출할 수 있다는 것이죠. 세상을 바꿀 수 있는 창의적인 결과물은 한 사람의 천재가 아닌 여러 사람의 협업에 의해 만들어 지는 것이 아닐까요? 창의성의 아이콘으로 불리는 스티브 잡스도 "위대한 일을 이루는 것은 팀이다."라고 하였습니다. 스티브 잡스 혼자의 능력이 아닌 팀원들과 함께 만들었다는 것이죠. 협업을 통해 일 더하기 일은 백이 되는 결과를 창출할 수 있을 겁니다.

　세 번째는 감정을 효과적으로 표현하고 다른 사람의 의견을 경청·존중하는 의사소통 역량입니다. 단순한 대화가 아닌 감정을 서로 주고받고 상대방이 표현하지 않은 것까지도 알아차릴 수 있는 의사소통을 의미합니다. 이 또한 인간만이 가능한 역량일 겁니다. "나 괜찮아!"라는 말을 있는 그대로 해석할 수도 있지만, 현재 말하는 사람의 눈빛과 목소리 등을 통해 "지금 힘들어 하는구나"라고 해석할 수도 있을 겁니다. 상대방 얘기에 귀 기울여 듣고 현재 감정 상태가 어떠한지 파악할 수 있다는 것이죠. 특히 자존감이 높은 아이들은 공감능력이 좋은 편입니다. 자신의 존재에 대해 긍정적으로 인식하고 있기 때문에 타인을 바라볼 때 편견 없이 경청하고자 하며, 상대방의 마음이 어떤지에 대해서도 잘 알아차릴 수 있습니다. 따라서 우리 아이의 자존감을 높여 준다면 공감능력도 향상될 수 있습니다.

우리 아이들이 인공지능 시대에 필요한 역량들을 갖추고 대체 불가능한 존재로 살아가기 위해서는 자신과 타인 그리고 세상을 향해 흘리는 따뜻한 '눈물'을 가지고 있어야 합니다. '나'라는 존재가 가지고 있는 삶의 이유와 목적을 찾아 가장 나답게 살아가기 위해 흘리는 눈물, 타인과 함께 성장하고자 협업하며 인간적 가치를 창출하고자 흘리는 눈물, 마지막으로 시대의 아픔에 공감하며 더 나은 세상을 만들고자 흘리는 눈물이라 할 수 있습니다. 즉 인간적 가치를 추구하는 인문학적 사유는 4차 산업혁명으로 인한 부작용을 방지하고 세상의 유용한 도구로서 조화롭게 활용할 수 있는 기반이 될 것입니다.

 홍재기 작가의 한 마디

우리 아이들에게는 인공지능이 할 수 없는 맥락적 사고 능력, 협업의 창의성, 의사소통 능력 등의 3가지 역량이 필요합니다. 이를 갖추기 위해서는 인간적 가치를 추구하는 인문학적 사유, 즉 인간만이 가지고 있는 눈물의 진정한 가치를 이해할 수 있어야 합니다.

청소년의 학습에
호기심 비타민을 담아주세요

　따스한 4월 산들바람이 부는 한적한 오후, 아이와 함께 집 앞 공원 산책을 나왔답니다. 이리저리 고개를 돌리며 주변을 보며 좋아하는 모습에 나도 모르게 얼굴 가득 미소가 지어지더군요. 3살배기 첫째 딸이 뭐가 그렇게 궁금한지 밖에 산들거리는 풀꽃도, 산책 가는 강아지도, 심지어 땅에 떨어져 있는 풀잎을 가르키며 연일 "꺄" 소리를 내며 좋아하더군요. 모든 것이 신기한 듯 세상을 바라보는 아이를 보며 문득 우리는 이렇게 궁금증 많고 신기했던 시절이 언제였을지 궁금해졌답니다. 지금 생각해 보면 사람이 어른이 되어 가는 과정 중 무엇보다 가장 빨리 잃어가는 것 중 하나가 호기심이 아닐까요?

　우리나라의 교육은 주입식 교육에 머물러 있습니다. 주입식 교육의 가장 큰 문제점은 자유로운 사고를 제한하고 정해진 방향을 제시한 다는 점에 있지요. 그렇기 때문에 정규 교육과정에서 호기심이란 것은 학생들이 학습을 해나가는 데 있어서 방해물처럼 여겨지기 일쑤입니다. 자연스레 어른들에 의해 호기심이 배제되는 거지요. 스스로 탐구하고 생각하기보다 주어진 내용을 파악하고 분석하는데 초점이 맞추어져 있기 때문입니다.

이렇게 어렸을 적부터 주입식 교육에 익숙해 진 학생들이 대학에 가서 자율적으로 생각하고 탐구하기란 대단히 어렵습니다. 우리나라 학생들이 고등학교 성취도가 세계 최고 수준인데 반해 대학평가에서 하위권을 차지하는 이유 중 하나는 아직까지 주입식 교육에 익숙해 져 있어 대학에 입학하여 자율적인 사고를 하지 못하는 것도 있을 듯합니다.

저 또한 수학을 가르치는 강사이자 입시학원 원장으로서 아이들의 성적을 내기 위해 반복적으로 그리고 주입식으로 공부를 시키고 있는 한 사람입니다. 하지만 가끔 내 아이를 볼 때면, 어릴 적 호기심 많던 그 시절처럼 끊임없이 탐구하고 궁금해 하는 아이들의 생각을 어른들의 틀에 맞추어 제한시키기보다 좀 더 자유롭게 확장시킬 수 있는 교육환경이 마련되면 어떨까란 생각을 해봅니다.

프렌시스 젠슨과 에이미 엘리스 넛이 쓴 『10대의 뇌』에서 10대는 가장 많은 뇌조직의 연결과 새로운 뉴런간의 신호체계가 잡히는 중요한 시기라는 이야기를 합니다. 이때 아동기에 만들어졌지만 더 이상 필요 없게 된 신경 연결을 조정하거나 꺼버리는 과정을 신경 가지치기라고 하지요. 이 과정은 불필요한 시냅스가 제거되는 청소년기 중~후기에 가속화 된다고 합니다. 이 때 어질러져 있는 신경의 배열들이 가지런히 정돈되고 학습에 필요한 모든 능력치들이 가장 최적화 되는 시점이 되는 것입니다. 이렇게 만들어 진 신경조직들은 추후 학습을 하면서 점차 구조적으로 완성되어져 갑니다. 하지만 학습효율이 정점을 달리고 있지만 주의력, 자제력, 과제 완수, 감정을 비롯한 다른 부분들에 대해서는 효율적이지 못한 것도 사실이랍니다.

여기에 호기심이란 것은 그 신경으로 가는 혈류량을 압도적으로 증가시키는 증폭기 역할을 합니다. 무언가를 탐구하려고 하는 생각을 하게 되는 순간, 그 부분에 대한 뇌가 활성화 되는 것을 확인할 수 있는데, 이것은 단순히 내용을 기억하는 것 보다 3배 이상 많은 신경세포의 형성을 만들었습니다. 그렇기에 어렸을 적 새로운 정보들이 주어졌을 때 스펀지처럼 모든 것들을 받아드리는 유아기의 뇌가 만들어 지는 원인 중 하나로 무궁무진한 호기심을 뽑을 수 있습니다.

10년 이상 학생을 가르쳐 오면서 단순히 개념 내용을 설명하기보다는 그 내용에 흥미를 발생시키는 예시나 이야기를 통해 내용을 재구성하면, 학생들이 훨씬 더 잘 기억할 뿐 아니라 시험 결과에 있어서도 더욱 좋은 결과가 나왔던 경험이 있답니다.

이것은 단순히 재미가 아닌 아이들의 뇌에 대한 활성화의 관점에서 얼마나 흥미와 호기심이 중요한지를 보여주는 단편적인 예시입니다. 이처럼 우리 아이의 호기심을 어떠한 방식으로 확장시킬 수 있을지를 고민한다면 이후 학습효율이나 목표설정, 그리고 나아가 진로와 진학에 있어서도 큰 도움이 될 것입니다.

 서동범 작가의 한 마디

호기심은 아이들의 학습효율을 극도로 올릴 수 있는 증폭제 역할을 합니다.
뇌과학적으로 평소보다 3배 많은 혈류량 증가가 입증해 주고 있지요.
호기심은 학습적인 효율성을 증진시키고,
이후 발전된 학습을 가능하게 하는 학습의 비타민입니다.

'한글 가온 길'을 아시나요?

2018년 1월 11일 그때를 생각하면 지금도 발가락이 얼어붙을 것만 같습니다. 몸서리치게 추웠던 겨울이었거든요. 나는 '한글 가온 길 해설가 양성 과정'을 등록했지만, 너무 추워서 일정이 단축될 수도 있겠다 싶었습니다. 그러나 예상은 보기 좋게 빗나갔습니다. 모두 김슬옹 교수의 열정에 저항하지 못하고 뒤를 따르며 설명을 들어야 했습니다. 서울, 부산, 경기 등등 각지에서 모여든 선생들은 국어 문화원이 주최한 한글 가온길을 탐방하기 시작하였습니다.

'가온'은 가운데, 중심을 뜻하는 순우리말입니다. 즉 한글가온길은 '한글의 역사, 그 가운데를 걷는 길'이라는 뜻입니다. 넓게는 한글이 탄생한 경복궁부터 한글을 창제하고 반포한 세종의 생가터, 세종대왕 동상과 한글학회 등이 있는 광화문 일대의 길을 일컫는 것입니다. 20여 년이 넘도록 청소년들에게 국어를 가르쳐 온 사람이 이제야 한글가온길을 걷다니, 나 자신이 참으로 부끄러웠습니다. 그러나 비록 뒤늦은 시작이지만 이제라도 한글을 제대로 이해하는 길목으로 접어든 것만으로도 다행이라고 생각했습니다. 지금부터라도 늦지 않다고 생각하고 마음을 다잡는 용기가 필요했습니다. '한글의 소중함과 위대함을 올바르게 이해하고 그 의미와 가치를 제대로 이해하는 공부를 하자.' 그렇게 아이들에게 우리말의 경이로운 가치를 깨닫게 해주는 노력이 바로 내가 해야 할 소중한 임무라고 생각했습니다.

몹시 찬바람이 불던 그때 가온길을 걸으면서 내가 놀랐던 것은 그 길이 입시 전문 기관인 진학사로 가는 길목에 있었다는 사실입니다. 5년 정도의 시간 동안 '자기주도학습'과 '대학 입시교육'을 공부하려고 진학사로 드나들었던 그 길이 바로 한글가온길이라니요! '등잔 밑이 어둡다'라든가 '아는 만큼 보인다.'라는 말이 그렇게 진하게 가슴에 와닿은 날은 없었습니다. 나에게 광화문은 이제 예전의 광화문이 아닙니다. 그저 세종문화회관이 있고 이순신 장군과 세종대왕이 있는 서울의 중심 정도로만 인식되었던 그곳이 이제는 가슴 설레는 공간이 되었습니다.

가온길 여섯 구역 중 나에게 가장 인상 깊었던 장소는 단연코 주시경 마당입니다. 주시경 마당에는 책 보따리를 들고 서 있는 주시경 선생의 동상이 있고 그 동상 바로 위에는 주시경 선생이 1910년에 남긴 말씀이 글자로 새겨져 있습니다.

"말이 오르면 나라도 오르고, 말이 내리면 나라도 내리느니라."

"선경, 모든 나라가 고유의 언어를 갖고 있진 않아. 오히려 드물지. 자기 나라말을 가졌다는 건 아주 대단하고 멋진 거야." 표정으로 떠오른 마음은 진심이었고 그 덕에 나는 한 번도 실감한 적 없는 한국어에 대한 자부심을 느꼈다. 그는 한국에 대해 전혀 알지 못하면서도 고유의 언어를 가졌다는 사실 하나만으로 역사가 깊고 문화적인 나라일 거라 추측했고 종이를 내밀며 "네 이름을 네 나라 글자로 써달라"하더니 내가 써준 한글을 호기심 가득한 눈으로 들여다보았다.

_유선경, 「어른의 어휘력」

일제 강점기 때 우리말과 글을 연구하고 널리 보급하려 노력한 주시경 선생의 뜻이 그대로 담겨 있는 듯하여 가슴이 뭉클해졌습니다. 김슬옹 교수의 열띤 강의와 함께 헐버트 동상도 보았습니다. 그 마당을 지나면서 그제야 처음 보았습니다. 여러 번 그 앞을 지나다녔지만, 헐버트 동상임을 알아차리지 못했던 거죠. 헐버트는 서재필과 함께 최초의 한글 신문인 '독립신문'을 창간하고 '아리랑'을 악보로 만들어 보급한 사람입니다. 그런 훌륭한 헐버트 동상이 이제야 눈에 띄다니요.

사람 눈에는 보고 싶은 것만 보이나 봅니다.

　세종문화회관 뒤편에는 평화와 화해의 나무가 있어요. 나뭇가지에 매달린 전 세계의 언어로 이루어진 그 나뭇잎이 언어를 가르치는 저에게는 떨리는 감동으로 다가왔습니다. 문화회관 서측부에는 우리 자음 'ㅎ'을 옆으로 쭉 늘여놓은 돌이 있습니다. 교수님은 그 앞에서 배를 내밀면서 '하하하' 소리 내어 웃었습니다. 함께 있는 선생들에게도 모두 웃음을 강요하셨죠. 우리는 억지로 웃었지만 웃다 보니 즐거워졌고 추웠지만 춥지 않은 참 따뜻한 순간이었습니다.

　몇 년 전 교육받았던 '한글 가온 길' 이야기를 제가 갑자기 꺼낸 이유가 무엇일까요? 궁금하시죠? 수업 시간에 아이들과 함께 '한글의 창제 원리'에 관해 공부하다 보니 한글가온길이 떠올랐기 때문입니다. 중학교 2학년 교과서에는 한글의 창제 원리가 실려 있습니다. 그래서 중학생 정도만 되면 한글이 '상형'과 '가획', '합성'의 원리로 만들어졌다는 것쯤은 잘 알고 있죠.

　발음기관의 모양을 본떠서 만든 자음의 기본자는 ㄱ, ㄴ, ㅁ, ㅅ, ㅇ입니다. 그리고 모음자 중에는 '아래 아(ㆍ), ㅡ, ㅣ'는 각각 하늘, 땅, 사람의 모양을 본떠 만들었기에 이를 상형의 원리라고 말합니다. 그럼 가획의 원리를 알아볼까요?

ㄱ	혀뿌리가 목구멍을 막는 모양을 본뜸.	어금닛소리, 아음(牙音)
ㄴ	혀끝이 윗잇몸에 닿는 모양을 본뜸.	혓소리, 설음(舌音)
ㅁ	입 모양을 본뜸.	입술소리, 순음(脣音)
ㅅ	이의 모양을 본뜸.	잇소리, 치음(齒音)
ㅇ	목구멍의 모양을 본뜸.	목구멍소리, 후음(喉音)

자음자의 제자 원리

가획은 자음 기본자에 획을 더하여 9개의 자음자 'ㅋ, ㄷ, ㅌ, ㅂ, ㅍ, ㅈ, ㅊ, ㆆ, ㅎ'을 만드는 것입니다. 그리고 합성의 원리는 모음의 기본 글자를 결합하여 다른 모음을 만드는 것입니다.

·	하늘의 둥근 모양을 본뜸.
ㅡ	땅의 평평한 모양을 본뜸.
ㅣ	서 있는 사람의 모양을 본뜸.

모음자의 제자 원리

이러한 원리들은 정보화 시대에 매우 효율적인 방식입니다. 왜냐고요? 가령, 컴퓨터로 한자를 입력하려면, 로마자로 발음을 입력한 뒤에 원하는 한자를 찾아 변환해야 합니다. 그러나 한글은 자판을 누르면 별다른 변환 과정 없이 그대로 입력되므로 입력 속도가 매우 빠릅니다. 특히, 휴대 전화의 경우 한글의 창제 원리를 적용하게 되면 적은 수의 글쇠(타자기나 컴퓨터 따위의 자판)로도 정보를 효율적으로 입력할 수가 있습니다.

　한자보다 훨씬 체계적이고 과학적이면서도 간결하죠. 이러한 한글 덕분에 우리가 얼마나 신속하게 의사소통하고 있는지 생각하면 생각할수록 세종대왕이 위대하고 고맙습니다.

　변화와 발전 속도가 무척이나 빠른 4차 산업혁명 시대에도 이렇게 신속하고 정확한 정보 전달이 가능하다는 것을 생각해보면 더욱 그렇습니다.

 고민서 작가의 한 마디

한글은 우리 민족의 가장 소중한 문화유산이자 자랑입니다.
당연히 우리가 소중히 여기고 갈고 닦아야 할 멋진 언어입니다.
아이들에게 한글의 소중함을 알려주는 좋은 방법의 하나로
'한글 가온 길' 탐방을 추천합니다.
자녀와 함께 이제 당신이 '한글 가온 길'의 주인공이 되어 주세요!

우리 아이
경제관념은?

　대한민국은 근검절약을 미덕으로 여러 경제위기를 극복하였습니다. 아나바다(아껴 쓰고, 나눠 쓰고, 바꿔 쓰고, 다시 쓰자)라는 구호까지 만들 정도로 아끼고 저축하는 문화를 만들어왔습니다. 여러 매스컴을 통해, 우리 아이들은 근검절약을 기반으로 저축하는 경제행위를 배워왔고 이러한 행위가 지니는 사회경제적 영향에 대해 종합적으로 이해하기보다는, 인간이라면 마땅히 지녀야할 미덕 정도로 인식해오고 있습니다.

　하지만, 과연 무조건 아끼고 저축하는 행위가 우리경제를 더욱 풍족하게 만들까요?

　이는 분명 원론적으로 다시 한 번 고민해 보아야 할 문제임에 틀림없습니다. 긍정적으로 소비하는 행위까지도 자칫 부도덕한 행위로 인식될 수 있는 현 사회경제상황에서, 저축하는 인물로 만들어나가는 현실의 흐름은, 자칫 우리 아이들을 수동적인 경제주체로 만들어낼 우려가 있기 때문에 많은 주의가 필요합니다.

교육현장에서 아이들과 경제에 대해 이야기를 해보면, 많은 아이들이 은행을 '돈을 저축하는 곳'이라고만 인식하는 경우가 많았습니다. 은행을 '일종의 금고'만으로 인식하는 아이들의 모습을 보며, 과연 제대로 된 경제관념교육이 이루어지고 있는지 상당한 의구심을 듭니다.

실제로 은행은 금융공급자와 금융수요자의 중간에 위치하여 적절한 금융의 이동을 통해 이자를 확보하는 수익기관입니다. 즉, 은행에 대한 개념과 관점은 은행과 관계하는 사람의 입장에 따라 이해가 달라질 수 있는 것 입니다. 은행에 대한 금융공급자, 즉 저축(예금)을 하는 입장에서는 은행은 일종의 금고로서 이자가 발생하는 작은 화수분일 수 있습니다. 반대로, 금융수요자의 입장에서의 은행은 본인의 미래가치를 인정하여 투자금을 지원해주는 일종의 투자자이자 채권자입니다. 금융공급자로서 은행을 바라볼 것인지 혹은 금융수요자로서 은행을 바라볼 것인지는 우리 아이들이 훗날 경제주체가 되어감에 있어 매우 중요한 기준이 될 수 있다고 생각합니다.

우리 아이들 스스로가 만든 가치를 수익화하기 위해, 일종의 벤처기업으로서 은행 및 금융권으로부터 도움을 받고자 한다면 이러한 아이들에게 은행은 '본인의 미래에 투자해주는 은인과 같은 고마운 존재'로 인식할 것입니다. 또 다른 한편으로, 기존의 체제에 순응하며 월급구조 내에서 생활을 영위하고자 하는 아이들은 벤처투자와 같은 미래형금융이 필요하지 않기 때문에 급여수익의 일부를 꾸준히 은행에 저축하며 은행을 '귀하게 번 돈을 소중하게 모아주는 일종의 금고지기'로 이해할 수 있습니다.

일반적으로 우리 아이들은 의식주와 관련하여 부모로부터 거의 모든 것을 지원받기 때문에, 사회경제의 흐름을 적절한 시기에 정확히 이해하지 못할 가능성이 있습니다. 2차 교육기관인 학교에서도 경제에 대한 살아있는 교육을 제대로 시키지 못하는 모습이라고 판단할 수 있습니다. 2015년 개정교육과정의 고등학교에서는 1학년 때 '통합사회'라는 이름으로 경제적 관점을 일부 배우고, 2학년 때 '경제'라는 과목을 다루게 됩니다. 해당 경제 과목에서는 주로 '수요와 공급 및 비교우위' 등의 개념을 통해 국내·외의 시장경제의 흐름을 개괄적으로만 학습하게 됩니다. 우리가 실질적으로 매 현실에서 마주하는 현실경제를 배우는 데에는 분명한 한계가 존재합니다.

2022년 개정교육과정에서는 1학년 때 '통합사회'를 배운

후, 3학년 진로과목으로서 '금융과 경제생활'이라는 구체화된 과목이 신설이 됩니다만, 그럼에도 불구하고 아쉬움이 남는 것은 경제과목이 수능선택과목에서 배제될 가능성이 매우높다는 것입니다. 게다가 고교학점제 하에서라도 고등학교 2학년 때는 2015개정교육과정과 같이 단순한 '경제'과목으로만배우게 되기 때문에 실질적인 경제 관점을 교육할 수 있을지가 매우 의문입니다.

실질적인 경제교육을 특성화고 쪽으로 몰아버린 것은 아닌지 아주 걱정입니다. 일반고에서의 경제 과목 수업은 원론적인 경제학 개념을 배우는 것으로 그치고 수행평가 또한 단순한 포털검색 수준을 벗어나기 어렵습니다. 반면, 특성화고 대동세무고는 수행평가의 일종으로서, '전산회계, 세무회계, 기업회계' 등의 당장 현장에서 적용 가능한 실무자격증을 취득하는 것을 목표로 한다는 점이 그나마 대한민국 교육과정 하에서는 매우 고무적인 사안입니다. 대동세무고에서는 고2부터 세무반, 회계반, 국제경제반 등으로 분과하여 학생이 경제진로 중에서도 더 구체적인 진로를 택할 수 있도록 제도를 마련하고 있습니다. 매년 수십 명씩 인서울 대학에 학생부종합전형으로 합격할 뿐만 아니라, 일선 경제학과 대학교수들 사이에서도 대동세무고 출신 학생들이 매우 환영받는 일은 결코 우연이 아닐 것입니다.

사회인들이라면 본인이 구매하는 제품의 기업에 관심을 가지고 관련 주식까지도 살펴볼 수 있습니다. 주식투자가 무분별한 투기로서 작동하지 않으려면, 의무교육과정에서부터 철저한 경제교육이 필요하다고 생각합니다. 전 세계적으로도 특히나 대한민국이 주식 혹은 비트코인에 심리적으로 많은 영향을 받고 있습니다. 주식이나 블록체인에 대한 정확한 이해 없이, 일확천금을 얻고자하는 심보만으로 고급경제활동에 무분별하게 뛰어드는 경향이 있습니다.

우리 아이들이 경제와 금융의 흐름을 이해하고, 그 흐름의 일부로 역할 하는 스스로의 모습을 크게 그릴 수 있으면 좋겠습니다. 고교학점제가 본격적으로 완전히 시행되는 시기가 2025년 인만큼, 그 전까지 다양한 사회적 논의가 이루어지길 간절히 바랍니다.

 이승현 작가의 한 마디

경제는 수요와 공급의 법칙으로 이루어지며, 이 법칙에 미루어보면 분명 경제에는 다양한 입장을 가진 주체들이 존재합니다. 그럼에도 많은 아이들은 스스로를 '은행에 저축하는 근검절약정신을 가진 인물'로서 이해하다보니, 진정한 투자와 경제적 기획이 필요할 때 쉽게 무너지는 경향이 있습니다. 아이들이 어떤 경제적 주체의 입장에 설 것인지를 스스로 탐색하고 선택할 수 있도록 실질적인 경제 교육이 제공되어야 할 것입니다.

나의 자세는
어떤가요?

십수 년 전 저희 학원 아이들에게 동기부여도 해주고 공부법도 알려주고 싶은 마음에 서울대에 재학 중인 학생을 초청해서 강연회을 연적이 있었습니다. 고등학교 시절 어떻게 공부를 했으며 어려운 상황은 어떻게 극복해 나아갔는지, 담담히 그러나 힘 있게 이야기를 풀어 갔습니다. 학생과 학부모들이 같이 듣는 강연이었는데 다들 유익한 시간이었다고 칭찬을 하셨고 저 또한 '다시 공부해볼까?'라는 생각이 들 정도로 인상 깊었습니다.

강연의 본론에 들어가기 전 자기소개를 마치고 나더니 갑자기 영어 알파벳 A부터 Z까지 순서대로 1부터 26이라고 정하고 어떤 영어단어의 각각의 스펠링을 더해보자는 것이었습니다.

예를 들어 A=1, B=2, C=3… 이런 식으로요. 인생을 점수로 매기기는 어렵지만 성공하는 인생에 필요한 단어들이 몇 점인지 그리고 100점은 과연 어떤 단어인지에 대해 아냐는 것이었습니다. 아마도 그 단어가 강연의 주제가 아닐까 하는 생각에 호기심을 갖게 되었지요.

운(Luck)은 47점, 돈(Money)은 72점, 지식(Knowledge)은 96점 그리고 열심히 일한다(Hard Work)는 98점이었습니다. 그렇다면 100점이 나오는 단어는 무엇이었을까요?

바로 Attitude(태도, 자세)입니다.

아이들을 가르치는 저로서는 누구보다도 공감이 되었던 단어입니다.

학원에서 만나는 아이들 중 유난히 자세가 좋은 아이들이 있습니다. 공부하려는 마음가짐을 가지고 선생님의 말에 귀기울이며 적극적인 태도를 보이는 아이들은 가르치는 선생으로서 너무도 기특하고 예쁘지요. 하나라도 더 알려주고 싶은 마음을 들게 합니다.

비단 아이들뿐만이 아닙니다. 학원을 운영하면서 그 동안 만났던 수많은 선생들을 봐도 그렇습니다. 어떤 문제에 대해 서로의 조언과 아이디어를 주고받을 때 "난 이미 다 해봤고 그렇게 해봐야 소용없다" 등의 부정적이고 회의적인 표정과 언어를 사용하는 분들이 있습니다. 그런데 어김없이 그런 선생들은 아이들에게 인기가 없고 원장 입장에서도 더 나은 대우를 해주고 싶지 않은 마음을 들게 합니다.

반면 저희 학원에 지금은 너무도 베테랑이며 실력은 물론 아이들 관리에 있어서도 뛰어난 수학 선생이 계십니다. 이 선생은 처음 학원에서 일하게 된 계기가 지인의 부탁이었다고 합니다. 아이들을 가르쳐본 경험이 없었기에 망설였는데 지인의 부탁으로 용기 내어 수학학원의 보조교사 일을 시작했다고 합니다. 보조교사이고 파트타임이기에 어쩌면 적당히 주어진 일만 했어도 되었을 텐데 본인이 틈나는 대로 수학 자습서를 사서 매일매일 꾸준히 공부하고 강의를 들으면 연습했다고 합니다. 그런 모습을 본 그 학원의 원장이 계속 일할 것을 제안하고 초등학생부터 담임을 맡기기 시작했다고 합니다. 그 후로 점점 학원에서 큰 자리를 맡게 되었고 이사를 하는 바람에 저와 인연이 되었으며, 지금은 저희 학원에서 없어서는 안 될 최고의 선생님입니다.

아이들을 대하는 선생님의 마음, 수업을 열심히 준비하는 노력 등,
이 모든 것들이 선생님의 자세와 태도가 되었고 인정을 받게 되었다 생각합니다.

저는 일을 함에 있어 중요하게 생각하는 자세는 긍정과 적극이라고 생각합니다. 학원의 여러 시스템이 자리 잡은 것은 어쩌면 일에 대한 긍정적이고 적극적인 태도에서 비롯된 것일지 모릅니다. 일을 하다보면 당연히 문제점들이 생기게 됩니다. 하지만 그것을 당연한 것으로 받아들이기보다는 문제점이 있어야 발전이 있을 것이라는 긍정의 마음가짐을 가지고 적극적으로 해결하려 했던 것 같습니다.

혼자서 아이들을 가르치다가 선생들을 한두 명씩 고용하게 되면서 여러 가지 문제점들이 보이기 시작했습니다. 처음에는 선생들은 수업에만 집중하는 것이 좋으니 수업 외에 업무는 '내가 다 해야 된다'는 생각을 갖고 있었습니다. 아이들을 가르치는 것은 선생인데 수업 관련된 상담마저도 제가 하니 구체적인 상담이 될 리가 없고, 그러면서 점점 저마저도 상담을 하지 않게 되었습니다. 그러던 중 한 어머니께서 다른 학원은 담임선생님이 아이들에 대해 학습상담을 잘 해주셔서 너무 만족스럽다는 이야기를 해주셨는데 그 때 저는 '아... 이 대로는 안 되겠다' 싶어 바로 상담시스템을 바꾸기 시작하였습니다. 그리고 보다 전문적인 상담을 위해 연구를 했으며 오히려 선생들까지도 아이들에 대한 책임감이 커지면서 더욱 성장하는 모습을 볼 수 있었습니다. 물론 해를 거듭하면서 상담 뿐 아니라 아이들을 관리하는 부분에서 점점 발전했고 그러면서 관리시스템이 잘 자리를 잡게 되었습니다.

생각해보면 학부모들의 컴플레인으로 학원이 더 성장했다고 할 수도 있습니다. 안 좋은 이야기를 들으면 그때는 기분이 나쁘고 나의 진심을 몰라주는 것 같아 속상하고 억울해 하기도 했습니다. 하지만 다시 곰곰이 생각해보면 이해가 되기도 하였습니다. 그로인해 학부모들의 니즈를 더 정확히 파악하게 되었고 저는 더 나은 커리큘럼과 학생 관리를 하게 되었습니다. 만약 그럴 때마다 어쩔 수 없는 일이라고 그냥 기분만 나쁘고 말았다면 어땠을까요? 부정으로 다가온 것들을 부정하지 않고, 긍정으로 다시 되새기고 적극적으로 대처했던 저의 태도야 말로 학원을 성장시킨 일등요소가 아닌가 합니다.

또한 일상에서 자신의 태도를 자주 돌아보고, 자기성찰을 하는 것도 중요합니다. 학원을 운영하면서 교육 분야에 더 전문적이어야 한다는 생각으로 틈나는 대로 공부하고 교육을 받고 책을 읽기도 합니다. 어머니들과 상담을 하면서 우리 학원의 교육 커리큘럼을 설명해드리는 것뿐만 아니라, 자녀 교육과 관련하여 어머니들의 이야기를 듣고 도움 되는 얘기를 할 수 있어야 하기 때문이죠. 같은 아이를 키우는 엄마로서 공감되는 상황이라, 저의 조언이 잘 전달된 것 같습니다.

그러면서 엄마로서는 '나는 어떤지' 돌이켜봅니다.

'과연 나는 엄마로서 다른 어머니들께 조언한대로 행동을 하고 있는가?' 하고 스스로 질문을 하는 것이죠. 부끄럽지만 "항상 그렇지 않습니다"라고 대답할 수밖에 없습니다. 하지만 이런 생각이 들 때면 다시 한 번 실천에 옮기려고 노력을 합니다. 이렇듯 일상에서 갖는 자아성찰의 시간은 저를 조금 더 괜찮은 사람으로 여기는 자기 존중의 자세를 만들기도 합니다.

"태도의 차이는 아주 사소하지만, 결과의 차이는 아주 거대하다."
_윈스턴 처칠

결국 일이든 일상이든 나의 Attitude(태도, 자세)가 가장 중요하고 기본이 되어야 한다는 것은 반박할 수 없는 것 같습니다.

 김홍임 작가의 한 마디

삶을 대하는 나의 Attitude(태도, 자세)는 어떤가요?
다른 사람이 아닌 내가 나의 삶을 대하는 자세 말입니다.
긍정적이고 적극적인 자세는 우리를 100점 인생으로 만들어 줄 겁니다.

인성을 잘 돌봐야 내 삶이 빛난다.

　일주일 안에 끝내야 하는 업무가 있습니다. 팀장이 혼자 일을 하면 일주일 안에 충분히 끝낼 수 있고, 팀원들과 같이 일을 하면 열흘이 걸립니다. 당신이 팀장이라면 혼자 일을 해서 기한 내 끝낼 건가요? 아니면 기한 내에 완료하지 못하더라도 팀원들과 함께 일을 할 건가요?

　이런 유사한 질문이 인사 평가 때 나오기도 합니다. 그렇다면 기업에서는 어떤 선택을 하는 팀장을 높게 평가할까요? 기업의 상황에 따라 팀장 혼자 일을 하더라도 기한 내 끝내는 것이 능력 있는 인재로 인정받을 수도 있을 겁니다. 하지만 많은 기업에서는 한명의 뛰어난 인재보다는 팀 전체의 협업을 선호하고 있습니다. 따라서 기한이 조금 지나더라도 팀원들과 함께 업무를 수행한 팀장에게 높은 평가 점수를 준다는 것입니다. 지금 당장은 열흘이 걸렸지만, 팀원들과 함께 일을 했다는 것이 중요하다는 겁니다. 팀 경쟁력이 강화될 것이며, 한명 한명의 능력이 향상되어 다음번에는 일주일 내에 완료할 수 있을 겁니다. 또한 이 팀은 어떠한 문제에도 잘 대처할 수 있게 될 것입니다. 한 명의 천재가 세상을 변화시키는 시대는 지났습니다. 4차 산업혁명 이후 S급 인재보다 더 뛰어난 인공지능이 세상에 등장하였으며, 코로나와 같이 생각지도 못한 상황이 얼마든지 발생할 수 있는 시대에 살고 있습니다. 이런 상황 속에서 경쟁력을 확보하기 위해서는 개인의 독창성이 아닌 협업의 창의성이 필요합니다. 협업을 하기 위해서는 타인과 더불어 살아갈 수 있는 성숙한 어른이 되어야 한다는 것입니다.

최근 블라인드 면접 등 스펙과 상관없이 자신만의 이야기를 면접관에게 어필하는 형태의 기업 채용 방식이 늘어나고 있습니다. 이는 지필 고사를 통한 지식 검증으로는 원하는 인재를 얻을 수 없다는 것을 의미합니다. 창의성, 협업능력, 문제해결능력, 도전정신, 의사결정능력 등 기업이 선호하는 인재상에 적합한 인재인지 확인하고 싶은 겁니다. 따라서 기업에서는 지원자에 대한 삶의 가치와 철학, 다른 사람과의 관계를 통한 성장 경험, 무엇을 잘하고 좋아하는 지 등 지원자만이 가지고 있는 남다른 이야기를 듣고 싶은 겁니다. 남다른 이야기는 나다움에 대한 이야기입니다. 그 사람만이 가지고 있는 나다움, 바로 인성일 겁니다.

조벽 교수는 책『인성이 실력이다』에서 "인성은 생각과 감정을 통합해서 올바르고 아름다운 행동으로 이어지게 만드는 감성지능이며 인생 성공을 위한 최고 역량입니다."라고 하였습니다. 올바른 행동을 하기 위해서는 인성이 매우 중요하며, 성공 그리고 행복한 삶을 위해서 가장 필요한 역량이라는 것입니다. 그래서 우리는 인성교육의 중요성을 자주 얘기합니다.

아이돌을 양성하는 엔터테인먼트 회사에서는 인성교육을 필수과정으로 운영하고 있습니다. JYP엔터테인먼트 박진영 대표는 "좋은 가수 이전에 좋은 사람이 되어야 한다."라고 방송에 나와 얘기하였습니다. 아무리 외모와 능력이 뛰어나도 인성이 잘 못 되어 있으면, 인기 절정의 연예인에서 하루아침에 범죄자로 몰락할 수 있기 때문입니다. 전 세계적으로 유명한 BTS는 팬들과 인간적으로 소통하며 수평적 리더십을 가진 아티스트로 유명합니다. 빌보드 앨범차트 및 싱글차트 1위 등 지금도 놀라운 업적을 남기고 있고 그 인기는 식을 줄 모르고 있지만, 여전히 팬들과 소통하며 팬들에게 선한 영향을 전해주고 있습니다. 이는 분명 능력과 끼의 스타성만으로는 보여주기에는 한계가 있을 겁니다. "BTS는 뭐가 달라요?"라는 질문에 방시혁 소속사 대표는 이렇게 대답합니다. "신인 때부터 단 한가지만을 요구했습니다. 방탄소년단 내면의 이야기를 전달하라." BTS만의 스토리를 전달한 겁니다. 치열하게 자신의 삶에 대해 고민하고 진실 되게 자기 삶을 살며 만들어진 스토리를 전달한 것입니다. 그렇기 때문에 우리는 그 이야기에 감동을 받는 것입니다.

> 더불어 살아가는 사람들과 행복한 관계를 맺으려면 우선 자기 자신부터 소통하는 지혜로운 사람이 되어야 합니다. 그렇다면 소통하는 지혜로운 사람의 기준은 무엇일까요? 성공한 사람, 돈 많은 사람, 재미있는 사람 등 여러 기준이 있겠지만 무엇보다 중요한 것은 '인성이 올바른 사람'입니다.
>
> _김진락 지음, 안호성 그림, 『나를 찾는 인성 여행』

우리는 흔히 인성교육은 중요하지만 급하지 않다고 합니다. 그래서 영·수·국·과·사를 먼저 공부하고 나중에 인성교육을 해도 된다고 생각할 수도 있습니다. 과연 그럴까요? 공부를 잘 해서 좋은 대학에 가고 그리고 사회에서 인정받고 원하는 삶을 살아가려고 할 겁니다. 공부라는 것은 삶의 목표를 이루기 위한 하나의 과정이며 수단이라는 것이죠. 이 과정 속에 현명한 판단을 하기 위해서는 교과목 공부뿐만 아니라 인성교육이 반드시 필요합니다. 자기 자신을 객관적으로 바라보고 자기주도적으로 현명한 결정을 할 수 있으며, 타인과 함께 더불어 살며, 사회에 기여할 수 있는 성숙한 어른을 길러내기 위해 필요한 것이 인성교육이기 때문입니다.

"인성은 눈부심이다. 왜냐하면, 인성에 따라 그 사람이 눈부셔 보이기 때문이다."

"인성은 건강이다. 건강한 인생은 좋은 몸을 만들고 건강한 삶을 만든다."

"인성이란 그 사람의 마음의 따뜻함을 들여다볼 수 있는 청진기와 같다."

"인성은 공들이는 것이다. 왜냐하면 그 자체로 멈춰 있지 않고 노력하면 바뀔 수 있기 때문이다."

"인성은 문이다. 인성에 따라 사람의 마음의 문을 열고 닫을 수 있기 때문이다."

"인성은 길이다. 왜냐하면 내 인성에 따라 내 인생의 길이 갈리기 때문이다."

"인성은 약이다. 왜냐하면 약을 먹으면 낫는 것처럼 인성도 배우면 나아지기 때문이다."

"인성은 활력이다. 왜냐하면 좋은 인성은 주변 사람들뿐만 아니라 나 자신에게도 활력을 주기 때문이다."

교양 수업 때 제자들이 인성에 대해 정의한 내용입니다.
학생들이 작성한 메시지를 통해
'인성은 행복한 삶을 위한 필수 요소'임을 알 수 있을 겁니다.

 홍재기 작가의 한 마디

우리 아이의 인성이 삶을 성공적으로 살아가게 하는 필수 요소임을 기억하세요.
올바른 가치관의 형성과 후회 없는 행동을 할 수 있는 단단한 바탕이 되어 줄 겁니다.

두 번째 인생을 맞이하세요!

홍재기 : 자신의 어릴 적 모습을 마주하고, 내 부모와의 관계를 바라보며, 현재 아이들을 있는 그대로 인정하는 것! 부모가 되기 위해서 필요한 일입니다. 아이들이 겪는 일을 이해할 수 있어야 하니까요. 그래서 부모가 된다는 것은 새로운 인생을 사는 것과 같습니다. 두 번째 인생을 맞이하는 것이죠. 하지만 너무나 어렵습니다. 왜냐하면 이번 생에 부모는 처음이니까요.

그래서 이 책을 기획하며, 제일 먼저 떠올렸던 단어는 '위로'와 '성장'이었습니다. 부모가 처음인 여러분들을 '위로'하고 싶었습니다. 그리고 반복된 실수를 줄이고자 함께 '성장'하기를 원했습니다. 어쩌면 감히 부모를 위한 '기본서'를 만들고 싫었는지도 모르겠습니다. '기본서'는 아니더라도, 자녀와의 관계에서 어려움을 느낄 때 한번 쯤 펼쳐보는 책이 되었으면 좋겠습니다.

이제 책을 마무리하려고 하는데요. 아마도 저뿐만 아니라 다른 작가들도 아쉬움이 많이 남을 겁니다. 그래서 지난 1년간의 글쓰기를 마치며, 작가들의 생각을 지면 위에 담아보았습니다.

임현정 : 이 책을 쓰는 순간마다 아이들에 대한 나름의 욕심을 내려놓고 새로운 다짐을 하게 되었습니다. 내 어린 시절과 현재의 아이들 시점을 넘나들며 생각을 많이 하게 된 소중한 시간이었습니다. 우리 모두 부모가 처음이라 시행착오를 겪을 수는 있지만 아이들과 함께 성장할 수 있다고 생각합니다. 부모라면 했던 고민들을 이 책을 통해 같이 나누어 보고 싶습니다.

김홍임 : 오랫동안 수많은 아이들을 지도하고 학부모들을 만나고 경험하면서, 저 또한 점점 성장하는 것을 느낍니다. 짧은 글이지만 한 줄 한 줄 써 내려가면서 내 아이에게 부족했던 엄마로서의 저를 느끼기도 했습니다. '조금 더 미리 깨달았으면 좋았을 텐데'라는 아쉬움이 들기도 했었습니다. 부디 우리 아이들이 자신의 가치를 알고 소중한 한 사람으로 잘 성

장하기를 바랍니다. 그리고 이 글을 읽는 부모님들에게 조금이라도 도움 될 수 있기를 희망합니다.

서동범 : 학창시절, 다들 꿈이 있으셨나요? 제가 저희학원을 설립한 목적은 단순 명료했습니다. 학생들이 막연히 가지고 있는 꿈이란 별을 아이들 개개의 까만 도화지에다 띄워 줄 수 있는 그런 학원을 만들고자 하였습니다. 어머님이 꿈꾸던 그 뜨거운 별을 우리 아이들에게 심어주고 그 꿈이 현실이 되도록 저의 마음을 담아 어머님들께 이 한권을 선물합니다.

고민서 : 내 이름은 민서(旼序)입니다. 민(旼)은 화락할 민으로 화락은 화평하고 즐겁다는 뜻이에요. 서(序)는 차례서인데 학교, 학당이라는 뜻도 있습니다. 그러니 이미 '고민서' 이름 석 자에는 '글을 가르쳐서 세상을 밝게 만드는 학당'이라는 뜻을 품고 있는 셈이죠. 스물다섯에 시작한 국어강의를 쉼 없이 지금까지 하는 걸 보면 아이들과 함께 노는 것은 나의 운명이고 기쁨이자 소명인가 봅니다. 에세이를 쓰면서 나의 기쁨을 누린 의미 있는 시간이었습니다.

이승현 : 우리 아이들은 그 자체가 하나의 우주입니다. 우주만큼 무한한 가능성을 지닌 아이들은 그 자체로 소중하고 귀한 독립적인 존재입니다. 세상의 관점을 아이들에게 주입하기보단, 아이들의 관점이 세상에 멋지게 드러날 수 있도록 어

른들의 도움이 필요합니다. 미래의 주역인 우리 아이들이 세상의 주인공임을 인지하고 성장할 수 있도록 다 함께 노력해나가기를 기원합니다.

김미란 : 나에게 학생들은 고유의 빛깔과 향기를 지닌 꽃과 나무입니다.
나의 사명은 학생들이 건강하게 뿌리내릴 수 있도록 지켜주는 땅이 되는 것입니다.
내 땅에 뿌리를 내린 아이들이 좋은 영양분과 에너지를 공급받아 꿈을 향해 힘차게 뻗어나가길 바랍니다. 그럴 수만 있다면 내 인생은 충분히 보람차고 행복하기 때문입니다.
나는 남은 생도 늘 아이들과 함께 아이들의 인생을 응원하고 격려하며 살아갈 것입니다.

그럼 이제 두 번째 인생을 시작해볼까요!
아이들에게 어떤 부모로 기억될 지는 여러분들의 선택에 달려 있음을 잊지 마세요.

[참고 문헌]

김승호, 『생각의 비밀』, 황금사자, 2015

김용규, 『숲에게 길을 묻다』, 비아북, 2020

김윤나, 『말그릇』, 카시오페아, 2017

김종원, 『부모 인문학 수업』, 청림Life, 2022

김진락 지음, 안호성 그림, 『나를 찾는 인성 여행』, 꿈결, 2017

나태주, 『풀꽃』, 지혜, 2021

노경선, 『아이를 잘 키운다는 것』, 위즈덤하우스, 2007

데일 카네기, 『데일 카네기 자기관리론』, 현대지성, 2021

마이클 샌델, 『정의란 무엇인가』, 와이즈베리, 2014

마포농수산센타, 『밥 챙겨 먹어요, 행복하세요』, 세미콜론, 2022

미하이 칙센트미하이, 『몰입 flow : 미치도록 행복한 나를 만나다』, 한울림, 2004

박성혁, 『이토록 공부가 재미있어지는 순간』, 다산북스, 2020

박혜란, 『믿는 만큼 자라는 아이들』, 나무를심는사람들, 2019

배병삼, 『논어, 사람의 길을 열다』, 사계절, 2005

버지니아 울프, 『자기만의 방』, 민음사, 2016

스튜어트 다이아몬드, 『어떻게 원하는 것을 얻는가』, 세계사, 2022

신영복, 『처음처럼』, 돌베개, 2016

안정희, 『사춘기 자존감 수업』, 카시오페아, 2021

엔젤라 더크위스, 『그릿(GRIT)』, 비즈니스북스, 2019

오은영, 『오은영의 화해』, 코리아닷컴(Korea.com), 2019

우치다 타츠루, 『말하기 힘든 것에 대해 말하기』, 서커스출판상회, 2019

유선경, 『어른의 어휘력』, 앤의서재, 2023

윤동주, 『국어과 선생님이 뽑은 윤동주 하늘과 바람과 별과 시 서시 & 별 헤는 밤 &
　　　　자화상 외』, 북앤북, 2014

윤우상, 『엄마 심리 수업』, 심플라이프, 2019

윤지영,『엄마의 말 연습』, 카시오페아, 2022

이현세,『인생이란 나를 믿고 가는 것이다』, 토네이도, 2014

임영주,『우리 아이를 위한 자존감 수업』, 원앤원에듀, 2017

임재성,『동양의 마키아벨리 한비자 리더십』, 평단, 2020

정세희·성기윤 기자,「청소년 낙태 리포트⑦」, 헤럴드경제, 2019.04 기사

정재영, 이서진,『말투를 바꿨더니 아이가 공부를 시작합니다』, 알에이치코리아
　　(RHK), 2020

조벽,『인성이 실력이다』, 해냄, 2016

조윤제,『다산의 마지막 공부』, 청림출판, 2018

조윤제,『다산의 마지막 습관』, 청림출판, 2020

최은아,『자발적 방관육아』, 쌤앤파커스, 2023

최재천,『과학자의 서재』, 움직이는서재, 2015

최재천,『최재천의 공부』, 김영사, 2022

최진석,『인간이 그리는 무늬』, 소나무, 2013

최훈,『선택과 결정은 타이밍이다』, 밀리언서재, 2022

톰 히니,『악기 연습하기 싫을 때 읽는 책』, 노천서재, 2022

파올로 코엘료,『아처』, 문학동네, 2021

폴김,『RE:LEARN 다시, 배우다』, 한빛비즈, 2021

프렌시스 젠슨, 에이미 엘리스 넛,『10대의 뇌』, 웅진지식하우스, 2019

프리드리히 니체,『이 사람을 보라』, 아카넷, 2022

학토재,『성찰이야기 : 소와 사자의 사랑』

한국형사정책연구원,『아동·청소년 이용 음란물에 대한 인식조사』, 2016

한지우,『AI는 인문학을 먹고 산다』, 미디어숲, 2021

SBS스페셜 제작팀,『바깟바람 아빠들이 온다』, 망고나무, 2020

[참고 매스미디어]

〈공공의 적〉, 강우석 감독, 2002

〈굿 윌 헌팅〉, 구스 반 산트 감독, 1998

〈더 글로리〉, 안길호 연출, 김은숙 극본, 2022, 넷플릭스

〈박성실 씨의 사차 산업혁명〉, 박지현 연출, 송영준 극본, 2021, tvN

〈소년심판〉, 홍종찬 연출, 김민석 극본, 2022, 넷플릭스

〈오은영의 금쪽 상담소〉, 김승훈 연출, 2021, 채널A

〈오징어 게임〉, 황동혁 연출/각본, 2021, 넷플릭스

〈우리들의 블루스〉, 김규태 연출, 노희경 극본, 2022, tvN

〈쿵푸팬더3〉, 여인영·알레산드로 칼로니 감독, 2016

〈흐르는 강물처럼〉, 로버트 레드포드 감독, 1993

부모 되는 철학 시리즈

"함께 나누는 행복 이야기"

부모가 된다는 것은 지구상에서 가장 힘들고 어렵다. 동시에 가장 중요한 일이기도 하다.
'부모되는 철학 시리즈'는 아이의 올바른 성장을 돕는 교육 가치관을 정립하고 행복한 가정을 만들어 가는 데 긍정적인 역할을 할 것이다. 부모가 행복해야 아이들도 행복하다. 행복한 아이와 행복한 부모, 나아가 행복한 가정 속에 미래를 꿈꾸며 성장시키는 것이 부모되는 철학의 힘이다.

경기도 고양시 덕양구 청초로66 덕은리버워크 지식산업센터 B-1403호 T.02-323-56